인류의 미래를 묻다

JINRUI GA SHINKA SURU MIRAI

인류의 미래를 묻다

당대 최고 과학자 8인과 나누는 논쟁적 대화

데이비드 싱클레어 *David Sinclair*

제니퍼 다우드나 *Jennifer Doudna*

리사 랜들 *Lisa Randall*

마틴 리스 *Martin Rees*

조너선 실버타운 *Jonathan Silvertown*

조지프 헨릭 *Joseph Henrich*

찰스 코켈 *Charles Cockell*

조너선 로소스 *Jonathan Losos*

오노 가즈모토 엮음 | 김나은 옮김

INFLUENTIAL
인 플 루 엔 셜

● 프롤로그

새로운 진화가 시작된다

진화론이라고 하면 누구나 《종의 기원The Origin of Species》을 펴낸 찰스 다윈Charles Darwin을 가장 먼저 떠올릴 것이다. 인간이 지성 있는 현대인으로 진화한 것은 필연일까, 아니면 운 좋게 일어난 우연일까? 진화에 대한 관심이 많아지면서 매년 전 세계에서는 진화와 관련된 책이 끊임없이 출간되고 있다.

이 책에 참여한 조너선 실버타운의 책 《먹고 마시는 것들의 자연사》도 원제는 '다윈과의 저녁식사Dinner with Darwin'인 것을 보면 '다윈'은 진화론의 상징이라고 해도 과언이 아니다.

외계생명체도 마찬가지다. 지구와 환경이 비슷한 행성이 무수히 많이 존재한다는 사실이 발견되면서부터 SF 영화에 등장했던 소재는 현실 속 이야기가 되었다. 실제로 이 책에 나오는 여덟 명의 과학자 중 세 명이 외계생명체의 존재 여부를 묻는 질문에 진지한 답변을 해주었다.

현재 진화론은 분야를 막론하고 활발한 연구가 이루어지고 있으며, 생물학은 더욱 세분화되어 진화생물학이라는 하위 분야도 탄생했다. 이 책에 등장하는 연구자들의 전문 분야에서도 볼 수 있듯이 매우 다양하다.

제니퍼 다우드나의 전문 분야는 분자생물학이다. 뛰어난 재능으로 난해한 우주과학을 일반인도 알기 쉽게 설명하는 리사 랜들은 이론물리학자, 노화와 젊음을 연구하는 데 능가할 사람이 없다고 알려진 데이비드 A. 싱클레어는 유전학자, 마틴 리스는 천체물리학자다.

조너선 실버타운은 진화생태학자이며, 그의 책《실수 연발 The Comedy of Error》은 모든 현상을 진화론적인 관점에서 바라보기 때문에 매우 흥미롭다. 찰스 코켈의 전문 분야는 우주생물학인데 우리에겐 아직 생소한 분야다.

조지프 헨릭은 진화인류학자고, 조너선 B. 로소스는 정통 진화생물학자다. 이 두 사람의 전문 분야는 이름만 들어도 알 수 있듯이 진화와 가장 관련이 깊다.

제니퍼 다우드나는 금세기 최고의 혁명이라 불리는 유전자 편집 기술인 크리스퍼-카스9CRISPR-Cas9 유전자 가위를 개발한 공로로 에마뉘엘 샤르팡티에Emmanuelle Charpentier와 함께 2020년 노벨 화학상을 받았다. 이 기술은 인간 유전체를 구성하는 염기 32억 쌍 중에 편집하고자 하는 단 한 쌍을 찾아내 수정하는 고난도의 작업이다.

2012년 획기적인 이 기술을 과학 전문지 《사이언스》에 발표한 제니퍼 다우드나는 크리스퍼가 유전병 치료뿐 아니라 매머드를 비롯한 멸종 동물 복원 사업, 농작물 개량 등에 사용되는 광경을 직접 목격했다. 그에게 크리스퍼 기술의 양면성에 관해 질문했다.

데이비드 A. 싱클레어는 노화의 원인과 젊어지는 방법을 연구해 세계적으로 명성을 얻은 과학자이자 사업가다. 특히 시르투인sirtuin 유전자, NAD 전구물질, 레스베라트롤resveratrol 등 노화를 지연시키는 유전자나 저분자를 연구해 주목을 받고 있다.

그는 하버드대학교 의과대학 블라바트닉연구소 소속으로 유전학과에서 종신 교수직을 보장받았다. 그 밖에도 하버드대학교 폴 F. 글렌 노화생물학연구센터의 공동 소장, 자신의 고향인 호주 시드니에 있는 뉴사우스웨일스대학교의 겸임교수 및 노화 연구실 책임자, 시드니대학교 명예교수로 재직하면서 다방면으로 활동하고 있다.
싱클레어는 연구자 외에 사업가로서도 두각을 드러냈다. 연구와 관련한 많은 특허를 취득했으며, 노화, 백신, 당뇨, 생식기능, 암, 생물학 무기 방어 등 다양한 분야의 바이오 회사 14개를 공동 창업했다. 그의 활약상은 가히 놀랄 만하다. 호주 의학연구상, 미국 국립보건원 선구자상을 수상했으며, 2014년 미국 시사 주간지 《타임》이 발표한 '세계에서 가장 영향력 있는 100인', 2018년 '헬스케어 분야 최고 50인'으로도 선정되었다.

리사 랜들은 하버드대학교 물리학 교수이자 소립자물리학과 우주론을 연구하는 이론물리학자다. 랜들 박사는 매사추세츠공과대학교(MIT)와 하버드대학교에서 이론물리학자로서 종신 교수직을 얻은 최초의 여성 교수다. 이론물리학은 남성이 압도적으로 많은 분야다. 그가 인터뷰에서 이야기한 에피소드는 언뜻 사소해 보여도 실제로 뿌리 깊은 성차별 문화를 상징적으로 보여준다.
그는 1999년 라만 선드럼Raman Sundrum 박사와 함께 발표한

〈비틀린 여분 차원〉이라는 논문으로 물리학계에서 주목을 받아 2007년《타임》에서 선정한 '세계에서 가장 영향력 있는 100인'에 이름을 올렸다.

하버드대학교 진화인류학 교수인 **조지프 헨릭**은 문화가 인간을 진화시키고, 문화를 통해 진화한 인간이 다시 문화를 고도로 발달시키며, 고도로 발전한 문명이 또다시 인간을 진화시킨다는 새로운 시각을 보여주었다.
왜 인간만이 문화를 형성했는가, 인간의 뇌는 어떻게 발달했는가에 대한 그의 설명은 참신하다. '자기가축화Self-Domestication'가 핵심 키워드인 그의 이론은 이 책에 담긴 이야기를 통해 자세히 만날 수 있다. 헨릭은 또한 오랫동안 사회문제로 대두되어 온 동성애가 인간에게 국한된 현상은 아니라고 말한다.

에든버러대학교 진화생태학 교수인 **조너선 실버타운**은 같은 학교 진화생물학연구소에서 연구 활동을 하고 있다. 그의 전문 분야는 식물개체군 전반에 대한 것으로 이를 바탕으로 생태학과 진화에 관한 다양한 연구를 진행 중이다.《늙는다는 건 우주의 일》,《씨앗의 자연사》등 진화와 생물학을 다룬 저서를 여러 권 세상에 내놓았다.

찰스 코켈은 에든버러대학교 우주생물학 교수이자 영국 우주생물학센터 소장이기도 하다. 극한 환경에 서식하는 생물과 외계생명체의 존재 가능성에 주목하고, 우주 탐사와 우주 식민지에도 관심이 크다.
코켈은 생물의 단순한 아름다움을 꿰뚫어보고 생물학에 물리법칙을 적용하여 수식까지 제시했다. 그가 정리한 물리법칙은 생물과 무생물의 경계를 나누는 기준인 동시에, 생명의 본질을 관통하는 물리법칙이자 진화와 생물학을 통합하는 새로운 시도다. 많은 사람이 개미 집단에 리더가 존재한다고 생각하지만, 코켈 박사는 그렇지 않다고 잘라 말한다.
코켈의 생물론은 외계생명체까지 아우르는데, 행성마다 환경이나 중력이 달라도 생명체에 미치는 영향은 방정식에 따라 작용한다고 한다. 즉 외계생명체도 우리와 비슷한 모습일 것이라는 견해다.

마틴 리스는 1942년생으로 이 책에 나오는 석학 중 가장 나이가 많지만 호기심이 사그라들기는커녕 오히려 더욱 왕성해지고 있다. 리스 박사는 세계적으로 저명한 천체물리학자이자 천문학자로 영국 왕립천문학자, 전 영국 왕립학회 회장이기도 하다.
천체물리학자지만 그가 뛰어난 식견을 보이는 분야는 인공지능(artificial intelligence, AI), 군사 드론, 사이버 무기, 인류의 우주 식민지 이주까지 매우 폭넓다.
한두 세기 정도 지나면 인류와는 다른 새로운 종이 화성에 나타날지도 모른다는 리스 박사의 견해는 진지하게 고려할 필요가 있다. 이러한 새로운 종을 리스 박사는 '포스트 휴먼'이라고 부른다.

세인트루이스 워싱턴대학교 **조너선 B. 로소스** 교수의 대표적인 연구는 '도마뱀 진화 실험'이다. 인위적인 실험으로 진화 과정을 증명하는 일은 의아하게 생각될 수도 있지만, 지금까지 나온 가설을 검증한다는 점에서 매우 중요하다. 아무리 치열한 논쟁을 벌여도 가설만으로는 논쟁이 끝나지 않기 때문이다.
환경에 따라 필연적으로 돌연변이가 생긴다고 보는 학자도 많을 테지만, "진화와 자연선택에서 돌연변이는 필요할 때 일어나지 않는다."라고 로소스 박사는 말한다. 그 역시 외계생명체에 일가견이 있는데 외계생명체와 인간은 다른 모습일 것이라고 의견을 밝혔다.

이 책에 등장하는 학자 여덟 명과 나눈 대화를 읽고 나면 진화를 바라보는 관점과 논의 방식이 크게 바뀔 것이다. 같은 현상을 보고도 학자마다 견해가 다르기 때문에 상황을 다양한 각도에서 바라보는 계기가 될 수 있다. 이 책이 그동안 생각하지 못한 일을 사유하게 하는 작은 시발점이 된다면 그보다 큰 기쁨은 없겠다.

2021년 10월 도쿄에서

오노 가즈모토

차례

3장 보이지 않는 세계는 관측될 수 있는가

암흑물질과 공룡의 멸종 — 리사 랜들

4장 인간은 어떻게 진화할 것인가

인류의 자기가축화 — 조지프 헨릭

5장 무엇을 어떻게 먹고 살아갈 것인가

음식과 요리의 진화 — 조너선 실버타운

진화는 필연인가 우연인가

인간의 지성과 물리법칙 — 찰스 코켈

7장 인류의 종말은 어떻게 시작되는가

인공지능과 불멸의 삶 — 마틴 리스

8장 인간은 진화를 선택할 수 있는가

자연선택과 인공적인 진화 — 조너선 로소스

1장

유전자 편집 기술은 인류의 미래를 바꿀 것인가

생명공학의 미래

가장 정밀한 유전자 편집 기술로

노벨 화학상을 수상한 과학자가 전하는

인류의 과제와 나아갈 길

Jennifer Doudna

제니퍼 다우드나

생화학자

캘리포니아대학교 버클리캠퍼스 화학 및 분자세포생물학 교수이며, 다우드나연구소 소장이다. 독일 막스플랑크연구소의 에마뉘엘 샤르팡티에와 함께 유전자 편집 기술인 크리스퍼-카스9 유전자 가위를 개발해 2020년 노벨 화학상을 수상했다.
현재 크리스퍼 기술의 박테리아 적응 면역 시스템을 포함하여 유전체의 RNA 매개 제어를 활용하는 연구를 중점적으로 하고 있다. 그의 연구는 생명과학 기술에 혁명을 가져올 뿐 아니라 암 및 유전질환과의 싸움에서 새로운 과학적 전기를 마련할 것으로 기대된다.
저서로는 《크리스퍼가 온다A Crack In Creation》가 있다.

● '유전자 편집genome editing'은 자연선택에 따른 진화와 다르게 인위적이고 때로는 자의적인 진화라고 할 수 있는 양날의 검과 같은 기술이다. 이것이 인류에게 이로운 기술이 될 것이라는 점에는 의심의 여지가 없다.

그러나 2018년 중국에서 실제 유전자 편집 과정을 거쳐 후천면역결핍증 면역력을 가진 쌍둥이 아기가 태어나면서 윤리적으로 우려하던 일이 현실로 일어났다. 중국의 사법 당국은 2019년 유전자 편집에 성공한 생물학자 허젠쿠이賀建奎에게 불법 의료행위 명목으로 징역 3년 형을 선고했다.

유전자 편집 기술로 노벨 화학상을 받은 제니퍼 다우드나 박사는 놀랍게도 실제 인간 배아의 유전자 편집에 대해 부정적인 견해를 보이지 않았다. 과학자가 연구에만 전념하던 시대는 지났다. 과학자들은 이제 과학 기술이 인류의 미래에 어떠한 영향을 끼칠지 검증해야만 한다.

인간의 유전자를 수정하는 기술

늦었지만 먼저 노벨 화학상 수상을 축하드립니다. 지금까지 저는 스무 명이 넘는 노벨상 수상자와 인터뷰를 했는데요, 그때마다 빼놓지 않고 하는 질문이 있습니다. 박사님께도 질문을 드려야겠네요. 수상 소식을 접했을 때 무엇을 하고 계셨나요?

— 부끄럽지만 밤늦게 자고 있을 때 연락이 와서 전화를 받지 못했습니다. 한 시간이 지나서야 겨우 눈을 떴죠. 기자로부터 수상 소식을 알리는 전화가 왔고, 그러고 나서 예전에 연구실에서 같이 일했던 마틴 지넥Martin Jinek 박사에게 연락을 받았어요. 지넥 박사는 진지한 사람이니까 그제야 노벨상 수상이 진짜라고 믿었죠.

크리스퍼-카스9 유전자 가위(이하 크리스퍼)로 노벨 화학상을 받으셨는데요, 이 기술은 인간 유전체●를 편집하고 수정하는 기술로 활용 가능성이 무궁무진합니다. 워드 프로세서로 문서를 편집하듯이 유전자를 수정하는 기술은 생물학 역사상 처음인 것 같습니다.

● 모든 유전자를 포함하는 DNA의 총체

많은 사람이 이 기술이 개발되었다는 소식을 듣고 멸종한 공룡이 부활하는 모습을 가장 먼저 떠올렸을지도 모르겠습니다. 영화 〈쥬라기 공원〉처럼요.

— 그럴 수도 있겠네요. 크리스퍼는 공룡을 비롯한 멸종 동물을 부활시킬 수도 있다는 기대감을 심어주었습니다. 하지만 현실적으로 먼 옛날에 멸종한 공룡이나 매머드를 부활시키기는 어려울 거라고 생각해요.
일단 멸종한 동물의 유전자 정보가 부족합니다. 그리고 매머드의 유전체를 재현하더라도 현재의 생태 환경이 매머드가 살기에 적합할지도 미지수입니다.

헌팅턴병처럼 수만 가지가 있다고 알려진 이른바 단일 유전자 질환●을 치료하는 데는 이미 크리스퍼가 사용되고 있지 않나요?

— 한 가지 유전자가 변이해서 발병하는 유전병을 치료하는 데는 현재 사용되고 있습니다. 겸상적혈구병sickle cell anemia이라는 유전성 빈혈증을 치료하는 임상시험은 이미 이루

● 한 가지 특정 유전자에 이상이 생겨 발병하는 질환

어지고 있고, 병을 일으키는 원인인 변이 유전자를 교정해야 하는 환자를 대상으로 이미 큰 성공을 거두었습니다.

그렇다면 후천면역결핍증(AIDS)도 치료가 가능할까요? 유전자를 편집해서 환자의 세포가 사람면역결핍바이러스(HIV)에 감염되지 않도록 막을 수 있을지 궁금합니다.

— HIV의 경우 바이러스가 감염자의 세포 안에 비집고 들어가 있다는 점이 문제가 됩니다. HIV가 침투한 모든 세포의 유전체 안에 들어 있는 바이러스 유전물질을 크리스퍼를 이용해 잘라내야만 합니다. 이를 완벽하게 잘라내기란 불가능합니다.

하지만 이미 1세대 유전자 편집 기술이 HIV 치료에 사용되고 있습니다. 감염의 원인인 단백질 유전자를 유전자 편집으로 교정하고 제거해서 바이러스에 감염되지 않도록 혈액을 보호하는 방법이죠.

상가모 테라퓨틱스Sangamo Therapeutics라는 제약회사가 실제 이 방식을 사용하고 있습니다. 아직 HIV에 감염되지 않은 체내의 면역 시스템을 강화하는 것으로 이미 환자에게 임상시험까지 실시한 것으로 알고 있습니다. 매우 흥미로운 방식이고, 크리스퍼를 HIV 치료에 사용하는 더 욱 현실적인 방법입니다.

박사님이 몸담고 계신 캘리포니아대학교 버클리캠퍼스와 글래드스톤 연구소에서는 크리스퍼를 이용한 코로나19(COVID-19, 신종 코로나바이러스 감염증)의 새로운 진단법을 개발했다고 알고 있습니다.

— 맞습니다. 해당 진단법은 크리스퍼를 다른 방식으로 사용해서 바이러스의 유전물질이 있는지 검사하는 겁니다. 코로나19를 일으키는 바이러스는 DNA 바이러스가 아니라 RNA 바이러스입니다. 새로운 진단법은 RNA를 확인하기 위해 세포 안에서 증폭시킨 크리스퍼 관련 단백질을 이용하는 기술이에요.

조금 더 자세히 설명하자면 크리스퍼 단백질이 RNA 바이러스를 검출했을 때 형광 신호를 내보내도록 분자를 조합해서 그 신호를 곧바로 측정할 수 있게 만든 방법입니다. 게다가 채취한 샘플에 들어 있는 바이러스의 양을 확인할 수 있어서 환자의 감염 정도까지 파악할 수 있습니다.

샘플을 채취한 뒤 검사 결과가 나오기까지 시간은 얼마나 걸리나요?

— 아직 그리 빠르지는 않고 한두 시간 정도 소요됩니다. 크리스퍼를 이용한 검사는 정확도가 높기 때문에, 저희는 진단 시간을 줄이는 데 주력하고 있습니다. 15분 안에 결과가 나오면 가장 이상적이겠죠.

코로나19 백신은 이미 여러 종류가 개발되었는데요, 크리스퍼를 이용해 백신을 개발하거나 치료제를 만들 가능성이 있을까요?

— 백신 개발 계획은 아직 없습니다. 현재는 진단에만 크리스퍼를 사용하고 있어요. 치료제의 경우 개발 가능성은 존재합니다. 다만 시간이 꽤 많이 걸릴 것입니다.
저는 개인적으로 크리스퍼를 사용하는 것이 코로나19 환자에게 적절한 치료법은 아니라고 생각합니다. HIV처럼 환자의 체내에 감염된 모든 세포를 검사해서 바이러스를 사멸시켜야 하는데, 그건 이와 같은 기술로는 어렵기 때문입니다.
한 가지 주목할 만한 방법이 있다면 면역 세포의 유전자를 편집해서 코로나19 바이러스나 앞으로 발생할 위험이 있는 바이러스를 인식할 수 있도록 만드는 겁니다.

유전자 편집으로 유전형질을 바꾼다?

윤리학자 중에는 키나 지능 같은 유전형질을 바꾸는 일이 유전자 편집으로 일어날 최악의 시나리오라고 주장하는 경우도 있습니다.

— 유전형질은 한 가지 유전자로 이루어진 것이 아니라 많은 유전자가 복잡하게 작용한 결과입니다. 특정 형질에 관여하는 유전자를 모두 찾아내는 일은 생각보다 간단하지 않습니다.
예를 들어, 원하는 만큼 키를 자라게 하려면 어떻게 유전자 편집을 해야 하는지 명확하게 밝혀지지 않았어요. 지능도 자주 거론되는데요, 우리가 애초에 지능을 어떻게 정의하는가에 따라 다릅니다. 지능과 관련된 유전자는 많지만 특정 유전자를 찾아내는 일은 매우 어렵습니다.

인간 배아에 크리스퍼를 사용해 태어날 아기의 외모나 능력을 부모가 마음대로 바꿀 수 있는 이른바 '맞춤 아기designer baby' 문제에 대해서는 어떻게 생각하시나요?

— 인간 배아의 유전자 편집이 코앞으로 다가온 것은 분명

합니다. 저는 그 흐름을 거스르지 말고 "자, 언제일지는 모르지만 다가올 미래에 반드시 찾아올 거예요. 유전자 편집 기술이 인간 배아에도 쓰일 겁니다. 그러니까 그 기술을 가능한 한 책임 있게 사용하도록 노력합시다."라고 말하고 싶습니다.

더 나은 인간이 되고자 하는 욕구는 인간의 본성이지만, 올림픽에서는 도핑이 문제가 되고 있어요. 만약 실제 시합에서 스포츠 선수가 유전자 편집 기술을 활용해 근육을 강화한다면 적발할 방법이 있나요?

— 그 질문에는 실없는 농담과 진지한 대답을 해볼게요. 만약 제가 올림픽 역도 경기에 나간다면 유전자 편집 기술을 이용해 근육을 강화했다는 사실을 모두가 알게 되겠죠? (웃음) 평소에 발휘할 수 있는 능력과 너무 큰 차이가 나니까요.

하지만 진지하게 대답하자면 현재의 기술로는 그런 일이 일어날 수 없습니다. 다가올 미래에는 육체를 강화하기 위해 유전자 편집 기술을 사용할 수도 있겠죠. 그래서 기술이 발전할수록 투명성을 지키는 일이 중요합니다.

실제로 세계보건기구(WHO)는 인간 배아에 유전자 편집 기술을 사용한 사람에게 정보 등록을 요구하고 있습니다. 이 기술이 어디에서 어떻게 이루어졌는지 경과를 파악하기 위해서죠. 이런 움직임은 매우 바람직하다고 생각합니다.

기술은 뒤로 물러서지 않는다

자연의 운행은 인간의 지혜보다 뛰어납니다. 그렇게 생각하면 크리스퍼로 지금까지 없던 유전병이 발생하거나 기대수명보다 일찍 사망하는 등 예상치 못한 부작용이 나타날 수도 있을 것 같습니다. 그런 의미에서 박사님과 에마뉘엘 샤르팡티에 교수님은 판도라의 상자를 연 것이 아닐까요?

— 기술은 뒤로 물러서지 않습니다. 한번 개발한 기술은 없앨 수 없죠. 크리스퍼는 엄청난 잠재력을 가지고 있습니다. 그것이 유전질환이든 기후변화와 같은 환경 분야든, 인류가 직면한 커다란 문제를 해결할 수 있을 것입니다. 샤르팡티에 교수와 저는 크리스퍼 개발에 온전히 힘쓰면서도 책임 의식을 가지고 연구해나갈 생각이에요. 최근

몇 년 동안 저는 크리스퍼를 책임 있게 사용하는 데 전 세계 과학자들이 협력해 최선을 다할 수 있도록 목소리를 높이고 있습니다.

크리스퍼는 비용이 저렴해서 미국의 생명공학 회사 오딘The ODIN처럼 직접 크리스퍼를 사용할 수 있는 DIY 유전자 공학 키트를 판매하는 기업도 있습니다. 이 정도면 방관이라는 우려도 있는데요, 크리스퍼의 오용을 막기 위해 세계적인 모라토리엄moratorium 선언이나 정부 규제가 필요하다고 보시는지요?

— 두 가지 방법 모두 그다지 효과가 없을 거라고 생각합니다. '모라토리엄처럼 강제적인 수단을 세계적인 규모로 어떻게 실시할 것인가.' '애초에 규제 대상인 기술을 정부가 어떻게 이해하고 규제할 것인가.' 이런 문제에는 큰 어려움이 따릅니다. 첨단 산업을 보면 알 수 있어요. 소셜 미디어를 어떻게 규제해야 할지 아직도 정부는 제대로 이해하지 못하고 있습니다.

그래서 저는 크리스퍼가 어떤 기술이고 어떤 역할을 하는지 배우고 싶어 하는 사람들에게 과학자들이 솔선수범해서 도와주기를 호소하고 있어요. 그리고 책임 있는 방법으로 크리스퍼 기술을 개발하도록 규제의 틀을 효과적으로 마련하는 방법도 제안하고 있습니다.

매우 적극적으로 행동하고 계시군요.

— 각계의 다양한 후원 덕분에 매년 크리스퍼를 주제로 많은 모임이 열리는데 가슴 벅찰 때가 많아요. WHO나 유네스코, 각국의 과학 아카데미와도 협력해서 연구하고 있고, 보고서도 발표하고 있습니다.

정확도와 정밀도가 열쇠다

표적 이탈Off Target● 같은 유전자 편집의 정확도 문제는 얼마나 해결되었는지 궁금합니다. 덧붙여 현재 난관에 부딪힌 다른 문제는 없는지도요.

— 현재 유전자 편집 기술에는 두 가지 어려움이 있어요. 하나는 기술 자체에 대한 문제예요. 유전자 편집이 정확해

● 표적으로 삼지 않은 DNA 배열에 변이가 일어나는 현상

야 한다는 지적은 옳습니다. 예를 들어 기사를 쓸 때 틀린 용어를 사용하면 문장 전체의 의미가 변해버리는 것처럼요. 크리스퍼도 비슷한 문제에 봉착했다고 할 수 있습니다.

DNA는 정확하게 수정되어야 합니다. 지금도 과학자들은 이 정확도를 끌어올리는 방법을 고민하고 있어요. 현 단계에서 유전자를 잘라 꺼내는 일은 비교적 간단하지만, 새로운 유전자를 정확히 집어넣는 일은 매우 어렵습니다. 크리스퍼는 고도의 최첨단 기술이고 정확도와 정밀도가 열쇠입니다.

또 한 가지 큰 문제는 분자 삽입입니다. 편집한 분자를 필요한 세포에 어떻게 집어넣을지가 과제입니다. 연구실에서는 비교적 쉬운 일이지만 나무와 같은 식물이나 사람에게 적용하기는 상당히 어렵습니다.

크리스퍼와 직접적인 관련은 없지만, 현재 세계를 대혼란에 빠뜨린 코로나19와 관련해서 아시아인과 서구인의 사망률에 큰 차이가 나타났습니다. 2012년에 노벨 생리학·의학상을 받은 야마나카 신야山中伸彌 교수는 아시아인의 사망률이 낮은 특정한 요인이 존재한다고 보고 이를 '팩터 X Factor X'라고 불렀습니다. 감염증의 사망률과 유전적 요인은 상

관이 있을까요?

— 팩터 X가 행동에 영향을 미치는 요인이라면 그렇습니다. 솔직히 말해서 아시아인들은 처음부터 팬데믹pandemic을 막기 위해 진지하게 대책을 마련했습니다. 마스크를 착용하고 사회적 거리 두기 같은 기본적인 방역 정책을 엄격하게 시행했죠. 안타깝게도 미국이나 유럽 국가에서는 그런 지침이 지켜지지 않았습니다. 그것이 사망률의 차이와 참혹한 결과로 이어졌다고 생각합니다.

과학자는 자신의 직감을 믿어야 한다

과학자로 성공하려면 어떤 자질이 필요할까요?

— 어려운 질문이네요. 저는 집요함stubbornness이 큰 도움이 될 거라고 생각합니다. 과학자로 성공하는 데 필요한 자질은 자신이 확신하는 아이디어를 증명하기 위해 한 가지에 집중하는 힘이에요. 실험실에서 하는 연구는 대부분 실패로 돌아갑니다. 제가 한 실험의 90퍼센트는 결과가 좋

지 않았죠. 과학 분야에서 이룬 성공은 대체로 끈기 덕분이었습니다.

제가 인터뷰해온 많은 노벨상 수상자나 과학자들의 공통점은 자신감이 넘친다는 점이에요. 근거 없는 자신감조차도요.

— 그런 자신감은 오랜 시간에 걸쳐 학습된 거예요. 저는 대학원생 시절에 지도교수님은 어떻게 늘 좋은 아이디어를 생각해낼까, 그 아이디어가 어떻게 좋은 결과로 이어질까 궁금했습니다.
그런데 그 답은 결국 좋은 결과를 가져올지 아닐지 미리 알 수 없다는 거였어요. 자신의 직감을 믿을 수밖에 없는 것이죠. 왠지 좋은 결과가 나올 것 같다는 자신감을 가지고 꾸준히 연구해나가는 의지가 중요합니다.

이론물리학자인 하버드대학교 리사 랜들 교수님과의 인터뷰에서 과학계의 성차별에 대한 이야기를 나눴습니다. 박사님은 차별을 느낀 적이 있습니까?

— 별로 느껴본 적은 없어요. 그런 면에서 매우 운이 좋았다

고 생각합니다. 지금까지 늘 훌륭한 은사님을 만났거든요. 저는 하와이에서 자랐고 공립학교에 다녔는데 완벽한지 아닌지를 떠나서 충분히 좋은 선생님들께 가르침을 받았어요. 나중에 과학자가 되어 가르침을 받던 시기에도 운 좋게 훌륭한 은사님들을 만났죠. 은사님들 중에는 남성도 여성도 있었지만 모두 저에게 큰 도움을 주셨습니다.

하지만 경력이 쌓일수록 여성들이 맞닥뜨리는 '유리천장'• 이라는 벽을 볼 수 있었습니다. 저는 명문 대학에서 종신 교수직을 얻었지만, 여성 과학자가 이런 지위에 오르기는 남성 과학자보다 어렵습니다. 기업도 비슷한 상황일 겁니다. 여성 경영자는 드물거든요. 그러니까 여성이 남성 중심의 조직에 들어가는 일은 아직도 도전이 필요하다고 생각합니다.

2020년, 박사님을 비롯한 두 명의 여성 과학자가 노벨 화학상을 수상했다는 뉴스가 과학계의 유리천장을 깨는 데 많은 도움이 되었겠군요.

• 충분한 능력을 갖췄음에도 성별이나 인종의 차별로 고위직에 오르기 어려운 상황을 비유적으로 이르는 말

— 그러길 바랍니다. 노벨 화학상을 받았을 때 전 세계의 많은 여성이 기쁜 마음을 담아 제게 메일을 보내주었습니다. '지금까지 우리가 한 일은 옳았어.' '언젠가 나도 노벨상을 받을 거야.'라는 희망을 수많은 여성에게 전해주고 싶습니다.

기술은 뒤로 물러서지 않습니다. 한번 개발한 기술은 없앨 수 없죠. 크리스퍼는 엄청난 잠재력을 가지고 있습니다. 그것이 유전질환이든 기후변화와 같은 환경 분야든, 인류가 직면한 커다란 문제를 해결할 수 있을 것입니다.

2장

인간은 생체 시계를
거꾸로 돌릴 수 있을까

200세 시대의 도래

인간의 생체 시계를
거꾸로 돌리는 유전학자가 전망하는
노화의 속도와 인간 수명의 미래

David A. Sinclair

데이비드 A. 싱클레어

유전학자

하버드대학교 의과대학 유전학 교수로 2014년 《타임》이 발표한 '세계에서 가장 영향력 있는 100인', 2018년 '헬스케어 분야 최고 50인'에 선정되었다.

싱클레어 교수는 '노화의 정보 이론information theory of aging'을 통해 인간의 노화를 일으키는 근본 원인을 밝혀냈다. 그는 노화가 후성유전 정보의 상실로 인해 나타나며, 정보의 상실 속도를 늦추거나 복원을 통해 생체 시계를 거꾸로 돌릴 수 있다고 주장한다.

그는 170여 편의 논문과 수십 개의 특허를 가지고 있으며 자신의 연구를 바탕으로 10여 개의 바이오기술 회사를 설립하기도 했다.

노화를 다루는 의학 저널 《에이징Aging》을 창간했고, 저서로는 《노화의 종말Lifespan》이 있다.

데이비드 싱클레어

● 노화 연구는 아직 시작 단계에 불과하지만 과거와 비교하면 비약적인 발전을 이루었다. 비록 동물 실험이기는 하지만 DNA 복구 한 번으로 안구나 망막 세포를 재프로그래밍하여 시력을 회복할 수도 있다. 혁명이 코앞으로 다가왔다고 해도 과언이 아니다.

30여 년 전부터 노화 연구에 심혈을 기울여온 데이비드 싱클레어 박사는 "노화의 원인은 대부분 유전자가 아닌 생활 습관 때문이다."라고 말한다. 생활 습관이 유전자의 스위치를 켜고 끄는 데 영향을 미치기 때문에 그 역시 건강한 생활 습관을 실천하기 위해 누구보다 힘쓰고 있다. 노화 방지가 인류의 달 탐사보다 중요하다고 하면 과장된 말로 들리겠지만, 쉽게 반박하기는 어렵다.

생체 시계를 거꾸로 돌리는 기술

노화는 질병이기 때문에 치료할 수 있다고 말씀하셨습니다. 그렇다면 현재 노화 연구는 얼마나 발전했는지 궁금합니다.

— 이론적으로 노화는 질병이기 때문에 치료할 수 있습니다. 노화에 관한 연구는 꽤 많이 발전했지만, 아직 갈 길이 멀어요. '치료할 수 있다'는 말은 불로장생하는 법이나 노화 치료법을 발견했다는 것을 의미하는 게 아닙니다. 노화를 일으키는 원인과 노화를 늦추는 방법을 이전보다 많이 알아냈다는 뜻입니다.

최근에는 유전자 치료의 돌파구를 찾은 덕분에 생체 시계를 거꾸로 돌릴 수 있게 되었습니다. 즉 '나이 역행age reversal'이 가능하게 된 것이죠.

생체 시계를 거꾸로 돌릴 수 있다니 정말 혁명적인 연구 결과네요.

— 아직 초창기지만 이 연구가 성공한다면 혁명이 될 것입니다. 비행기의 역사를 예로 든다면 라이트 형제가 하늘을 나는 법을 발견한 단계라고 할 수 있죠. 실제로 생체 시

계를 거꾸로 돌릴 수 있다면 인간에게 어떤 미래가 기다리고 있을지 상상만으로도 가슴이 뛰웁니다.

지금 구체적으로 어떤 단계의 연구가 진행되고 있는 건가요?

— 예를 들면 안구나 망막 세포를 재프로그래밍하는 연구를 하고 있어요. DNA를 한 번 복구하면 나이 든 쥐의 시력을 회복시킬 수 있습니다. 만약 모든 신체 기관의 세포를 재프로그래밍하는 데 성공한다면 DNA를 100회 정도 복구해서 신체 기능을 되돌릴 수 있죠. 의료 역사의 새로운 시대가 열리는 겁니다.

앞으로의 과제는 이 이론이 타당한지를 증명하고 모든 신체 기관에 효과가 있는 약을 개발하는 일입니다. 인류가 영원한 삶을 꿈꿀 수는 있지만, 그전에 해결해야 할 과제가 많아요.

노화는 왜 일어날까

노화 연구가 엄청난 발전을 이루었다고 말씀하셨는데요, 언제부터 연

구를 시작하셨나요?

— 저는 30여 년 전부터 관련 연구를 해왔습니다. 그때는 암흑기였어요. 하지만 2000년대 초반 비약적인 발전이 일어났죠. 노화 과정을 조절하는 유전자가 존재한다는 사실이 증명되었거든요.

10여 년 전에는 생활환경과 생활양식이 노화 과정을 조절하고 장수 유전자의 스위치를 활성화시킨다는 사실이 밝혀졌어요. 이러한 발견은 매우 흥미진진할뿐더러 덕분에 어떻게 노화가 진행되는지, 왜 노화가 일어나는지를 이해할 수 있게 되었습니다. 그동안 발견한 지식은 제가 주장하는 '노화의 정보 이론'과 관련이 깊습니다.

'노화의 정보 이론'이란 어떤 이론인가요?

— 노화를 일으키는 근본적인 요인과 관련된 이론입니다. 노화에는 과학자가 '노화의 징표hallmark'라고 부르는 몇 가지 징후가 있어요. 미토콘드리아의 기능 이상, 대사 장애, 분열을 멈춘 줄기세포, 세포 노화와 같은 것이죠. 이러한 요인도 중요하지만, 더 중요한 문제는 그런 요인을

일으키는 원인이 무엇이냐는 겁니다.

그렇다면 노화를 일으키는 원인은 무엇입니까?

— 제가 오랫동안 연구를 거듭하면서 내린 결론은 노화는 신체 정보의 상실로 일어난다는 것입니다. 그 정보는 견고한 유전자 정보가 아니라 후성유전epigenetics• 정보입니다. 즉 세포가 적절한 유전자를 적절한 시기에 읽도록 하는 시스템이죠. 이 능력을 잃게 되면 시간이 지날수록 병에 걸리기 쉽습니다.

운동을 꾸준히 하거나 건강한 식단을 유지하면 후성유전 정보가 상실되는 속도를 줄일 수 있습니다. 저희 연구진은 세포를 재프로그래밍하는 과정에서 세포 안에 있는 젊음의 백업 복사본이라고 부를 만한 것을 발견했어요. 젊었을 때의 DNA 정보가 마치 하드디스크처럼 세포에 저장되어 있는데 그 정보를 복원하면 세포가 젊은 DNA 유전자를 올바른 방법으로 읽게 됩니다.

• DNA 서열에 변화가 없는 상황에서 환경 요인에 따라 유전자의 발현을 제어하고 전달하는 시스템

이론적으로 노화는 질병이기 때문에 치료할 수 있습니다. '치료할 수 있다'는 말은 불로장생하는 법이나 노화 치료법을 발견했다는 의미가 아닙니다. 노화를 일으키는 원인과 노화를 늦추는 방법을 이전보다 많이 알아냈다는 뜻입니다.

세포 재프로그래밍으로 시력을 회복하다

마치 SF 소설에 나오는 이야기처럼 들리네요.

— 정말 그렇습니다. 제 연구실의 위안청 루Yuancheng Lu라는 유능한 대학원생이 세포 재프로그래밍을 안구에 적용할 수 있다는 사실을 발견했습니다. 시력을 회복한 데이터를 받았을 때 처음에는 믿기지 않았죠. 평생에 한 번 있을까 말까 한 혁신적인 발견이었거든요.

재프로그래밍은 안구 외 다른 신체 부위에도 적용할 수 있을까요?

— 간에도 적용할 수 있습니다. 유전자 치료는 야마나카 인자Yamanaka factors● 가운데 세 가지 유전자와 체내에 있는 유전자를 조합해서 실시합니다. 치료의 안전성을 확인하기 위해 먼저 생쥐로 실험을 하죠. 1년간 실험을 했는데 아직 암이 발생한 사례는 나오지 않았습니다. 지금으로서는 안전성을 보장할 수 있어요. 저희는 이 연구를 바탕으

● iPS 세포를 만드는 데 필요한 네 가지 유전자

로 녹내장 치료제를 만드는 회사를 설립했어요. 유전자 치료가 녹내장에 걸린 쥐에게 효과가 있다고 밝혀졌기 때문에 개발에 성공한다면 최초의 녹내장 유전자 치료제가 될 겁니다.

노벨상을 수상한 교토대학교의 야마나카 신야 교수가 iPS 세포 연구로 노화 과학 분야에 지대한 공을 세운 셈이로군요.

— 그렇습니다. 제 연구는 그의 어깨에 달려 있다고 해도 과언이 아닙니다. 야마나카 교수의 연구 목표는 세포 나이를 0세로 되돌리는 것입니다. 하지만 우리는 세포 나이를 0세로 되돌리기보다는 젊음을 조금이나마 되돌릴 방법을 찾고 있어요. 부분적인 재프로그래밍에 주목하고 있는 것이죠. 그것만 실현하더라도 세포를 젊게 되돌릴 수 있습니다.

노화의 속도는 생활 습관으로 결정된다

저는 샌프란시스코에 있는 유전자 검사 회사에 저의 유전자를 분석해

달라고 의뢰한 적이 있습니다. 덕분에 저에게 장수 유전자가 있다는 사실을 알게 되었죠.

— 멋지군요. 저에게는 장수 유전자가 없습니다. 저희 집안은 당뇨, 폐암, 비만 유전자를 가지고 있고, 70대에 돌아가신 분이 많습니다. 그래서 저는 생활 습관을 바꾸지 않는 한 오래 살기 힘든 운명을 타고났어요. 제 아버지는 여든이 넘으면서 집안에서 가장 장수한 사람이 되셨는데요, 지금까지 한 번도 질병에 걸린 적이 없습니다.

박사님의 아버지는 뭔가 특별한 건강법을 실천하고 계신 건가요?

— 아버지도 저처럼 과학자이십니다. 제 연구의 효과를 이해하고 같은 방법으로 오래 살기를 바라시죠. 매일 운동을 하셔서인지 50세인 저보다 근력이 훨씬 좋습니다.

대단하시네요. 노화 연구가 더 발전한다면 유전적 요인•을 극복할 수 있을 것이라고 보시나요?

• 부모가 자식에게 물려주는 유전 인자의 총체

— 그럴 수 있다고 생각합니다. 노화의 원인은 대부분 유전자가 아니라 생활 습관입니다. 제가 쓴 책《노화의 종말》에서 말하는 주제는 '우리의 수명은 우리 손에 달려 있다.'입니다. 유전자를 바꿀 수는 없지만, 후성유전 정보는 바꿀 수 있어요.

생활 습관, 즉 유전자의 스위치를 켜거나 끄는 것이군요.

— 맞습니다. 생활 습관에 따라 스위치가 켜지거나 꺼지면서 노화의 속도가 정해집니다.

노화 관련 지식이 풍부한 박사님은 실제로 어떤 생활을 하고 계신지 궁금합니다.

— 요즘은 건강에 특별히 신경을 쓰고 있습니다. 20대 때는 탄수화물 위주로 적게 먹는 '오키나와 다이어트'를 한 적이 있습니다. 그때는 젊을 때라 식욕이 왕성해서 금방 그만두었지만요.
지금은 1일 2식을 하고 아침은 먹지 않아요. 최근에는 점심을 거를 때도 많고, 먹더라도 칼로리가 낮은 음식 위주로 먹습니다.

1일 3식이 건강의 기본이라고 배웠는데 식사를 적게 하는 편이 건강에 좋을까요?

— 모두가 실천하기 쉬운 방법이 있다면 먹는 횟수를 줄이는 겁니다. 굳이 1일 3식을 할 필요는 없어요.

시르투인이라는 장수 유전자는 영양이 부족하지 않은 공복 상태일 때 활성화됩니다. 운동은 시르투인 유전자의 스위치를 켜주죠. 우리 몸을 '만족 상태complacency'에 두지 말아야 합니다. 의학 용어로는 '호르메시스hormesis'•라고 하는데 몸은 목숨을 잃지 않을 정도로 자극하면 강해집니다.

계단을 오르거나 책상 앞에 서서 일하거나 식사량을 줄이면 몸은 마치 투쟁 상태인 것처럼 위협을 느낍니다. 고통과 싸우는 물질이 노화나 질병으로부터 우리를 지켜주는 거예요.

• 독성 물질이 독이 되지 않을 정도의 농도에서 자극 효과를 보이는 현상

2019년 WHO가 조사한 자료에 따르면 세계에서 가장 장수하는 나라는 일본으로 남녀 평균 수명이 84.4세입니다. 하지만 오래 산다고 해서 꼭 좋은 것만은 아닙니다. 오래 살기보다 건강하게 살고 싶은 게 인간의 바람 아닐까요.

— 노화 속도를 줄이면 심장병, 암, 당뇨, 알츠하이머 같은 모든 질병의 진행 속도를 늦출 수 있습니다. 우리가 추구하는 목표는 건강 수명을 늘리는 것과 병에 걸려도 빠르고 고통 없이 세상을 떠나는 것입니다.
현대 의학의 모순은 두더지 잡기 게임처럼 임시방편으로 질병을 치료한다는 거예요. 병에 걸리면 약물을 투여하고, 다른 병에 걸리면 또 다른 약을 처방하죠. 그렇게 반복되는 치료는 우리를 죽음으로 몰아넣습니다. 물론 죽음의 늪에서 빠져나올 길을 마련할 필요는 있지만, 그전에 노화의 근본적인 원인을 더 자세히 알아내야 합니다.

나이가 들어도 활력 있게 살기 위해 뇌 건강을 지키는 가장 효과적인 방법은 무엇인가요?

— 마음을 평온하게 하고 스트레스를 쌓아두지 않는 거예

요. 뇌가 너무 흥분하면 노화가 빨라집니다. 명상으로 정신을 가다듬거나 기억력 훈련을 하는 것도 노화 예방에 효과적입니다.

현재 우리는 운동하지 않아도 운동했을 때와 같은 효과를 내는 약을 개발하고 있습니다. 저의 경우 안정된 상태에서 1분간 심장박동수를 재면 40대 중반이 나오는데 이 수치는 마라톤 선수와 비슷합니다. 아마 개발한 약을 먹어서 운동이 건강에 영향을 미치는 유전자의 스위치를 켰기 때문일 거예요. 같은 약을 나이 많은 쥐에게 먹이면 피로한 기색 없이 평소보다 두 배나 먼 거리를 달릴 수 있습니다.

인간의 수명은 어디까지 늘어날까

박사님은 책에서 "인간의 수명에는 한계가 없다."라고 말씀하셨습니다. 그 말은 정확히 무엇을 의미하는 건가요?

— 인간이 대략 80세까지만 살아야 한다는 생물학적 법칙은 없습니다. 우리보다 수명이 긴 생물은 아주 많습니

다. 가장 수명이 긴 생물인 나무는 몇천 년이나 살 수 있는데 나무의 유전자 절반은 사람과 같습니다. 수백 년을 사는 그린란드상어의 유전자도 사람과 매우 비슷해요. 인간과 같은 포유류인 북극고래도 200년 넘게 살 수 있습니다.

수명이 긴 동물과 비슷한 장수 요소를 인간에게 부여하고, 체내에 있는 장수 정보가 상실되는 것을 막는다면 노화를 예방할 수 있어요. 만약 우리가 이 조건을 유지할 수 있다면 200세까지도 살 수 있습니다. 결코 불가능한 일이 아니에요.

요즘 '100세 시대'라고 하는데 200세까지 늘어날 수 있다니 놀랍습니다. 그런 획기적인 연구를 해나가는 데 가장 큰 난관은 무엇인가요?

— 하나는 정부가 노화 연구에 투자를 적게 한다는 거예요. 다른 하나는 지금 제조하고 있는 약에 부작용 위험이 있다는 것이죠. 아직 부작용이 나타나지는 않았지만, 암에 걸릴 위험이 전혀 없다고 말하기는 어렵습니다.

저는 안전성을 중시하기 때문에 약의 안전성을 먼저 확인하고 싶어요. 전 세계 수십억 인구가 이 약을 사용하길 바라기 때문에 부작용이 절대 없어야겠죠. 하지만 부작용이 없는 약을 만들기란 매우 어렵습니다.

사람의 노화는 피부의 주름으로 나타나기 때문에 겉모습만으로도 나이를 쉽게 추정할 수 있습니다.

— 피부는 건강을 확인하는 좋은 지표입니다. 몸 전체를 둘러싼 가장 큰 기관이라고 할 수 있죠. 다만 햇볕에 장시간 노출되면 노화가 빨라지기 때문에 믿을 만한 지표는 아닙니다. 건강한 식생활을 유지하고 적당한 운동을 꾸준히 하면 피부 상태는 이전보다 좋아지니까요.
중요한 것은 생물학적 나이예요. 생물학적 나이는 실제 나이와 다를 수 있습니다. 혈액을 채취해서 검사해보면 생물학적 나이와 사망 시기도 예측이 가능합니다. 노화는 후성유전 정보의 상실로 일어나기 때문에 측정할 수 있어요. 저희가 연구하고 있는 치료법은 생체 시계를 거꾸로 돌릴 수 있습니다.

실제 나이가 아닌 생물학적 나이를 아는 것이 중요하군요.

— 생물학적 나이를 알면 적절한 생활 습관을 통해 빠르게 흘러가는 시간을 지연시킬 수 있습니다. 혈액으로 알 수 있는 생물학적 나이는 운명처럼 정해진 게 아니기 때문에 얼마든지 바꿀 수 있습니다. 이건 매우 중요한 사실입니다.

적당한 운동과 사회 활동으로 노화를 예방한다

노화를 지연시키는 가장 중요한 요소는 무엇이라고 생각하십니까?

— 비만을 예방하기 위해서 저처럼 운동을 하는 거예요. 심한 운동은 관절을 다칠 수 있으니까 마라톤처럼 격한 운동을 할 필요는 없습니다. 바쁠 때는 매일 10분 정도 계단을 오르거나 계속 앉아만 있지 말고 가끔 서서 작업하는 것도 운동이 됩니다.

신체뿐 아니라 정신 건강도 챙기면서 장수하는 것이 가능할까요?

— 다양한 사회 활동을 하면 됩니다. 50세에 새로운 기술을

배워 직업을 바꾼다거나 외국어 공부를 해도 좋습니다. 제 아버지는 여든이 넘은 나이에 시드니대학교에서 새로운 일을 시작하셨습니다. 아버지는 매우 생산적인 삶을 사시는데 예전보다 행복해 보이세요. 자신이 사회에 이바지한다는 느낌이 중요합니다.

그런데 나이가 들어서 체력이 떨어지면 새로운 일을 시작할 의욕이 사라지잖아요.

— 저희가 개발하고 있는 연구를 통해 체력을 되찾고 정신도 건강해져서 선순환이 일어나면 좋을 것 같군요.
노화 연구가 활발한 나라 중 하나인 일본에서는 니코틴산아마이드 모노뉴클레오타이드Nicotinamide Mononucleotide (NMN)라는 노화 방지 효과가 있다고 알려진 성분이 개발되었어요. 쥐에게 NMN을 투여했더니 여러 장기에 존재하는 니코틴산아마이드 아데닌 다이뉴클레오타이드Nicotinamide Adenine Dinucleotide(NAD)가 증가했습니다. 이 NAD가 장수에 관여하는 '시르투인 유전자'를 활성화한다는 사실이 밝혀졌습니다.

의학의 발전은 끝이 없네요. 언젠가 불로장생의 꿈이 이루어질지도 모르겠습니다.

— 노화와 건강은 우리 손에 달려 있어요. 지금의 생활 습관에 따라 노화 속도가 정해진다고 해도 과언이 아닙니다. 관리하기 나름이에요.

현대 의학처럼 병에 걸리고 나서 치료를 하면 너무 늦습니다. 나이가 들고 병에 걸려서 다른 사람의 간호가 필요해지면 사회적 손실이 발생합니다. 건강 수명을 늘려서 고령자가 사회에 이바지하고 젊은 세대에게 지혜를 물려줄 수 있도록 돕는 일이 중요합니다.

모든 국민이 건강하면 나라 전체가 풍족해집니다. 그러기 위해서는 연구비를 늘리고 충분한 법적 절차를 마련하는 등 정부의 지원도 반드시 필요합니다. 저는 개인적으로 노화 예방이 인류가 달 탐사를 하는 것보다 더 중요한 연구라고 생각합니다.

인간이 80세까지만 살아야 한다는 생물학적 법칙은 없습니다. 수명이 긴 동물과 비슷한 장수 요소를 인간에게 부여하고, 체내에 있는 장수 정보가 상실되는 것을 막는다면 노화를 예방할 수 있습니다. 만약 우리가 이 조건을 유지할 수 있다면 200세까지도 살 수 있습니다.

3장

보이지 않는 세계는 관측될 수 있는가

암흑물질과 공룡의 멸종

감각의 한계를 넘어서는 관측으로
이론물리학자가 바라보는
우주의 비밀과 외계생명체의 가능성

Lisa Randall

리사 랜들

이론물리학자

하버드대학교 물리학 교수로, 미국과학아카데미, 미국 철학회, 미국 예술과학아카데미 정회원이다. 입자물리학과 우주론에 대한 연구에서 세계적인 명성을 얻고 있으며, 21세기 들어 가장 많이 인용되는 논문의 저자이자 가장 영향력 있는 과학자로 꼽힌다.
우주의 복잡한 구조를 설명하는 여분 차원의 모형을 연구했으며, 1999년 라만 선드럼과 랜들-선드럼 모형을 발표해 주목받았다.
급팽창(인플레이션) 우주론, 초대칭성 이론, 물질의 탄생, 암흑물질과 암흑에너지의 정체 등에 관한 의문을 해소하려 연구 중이다.
《숨겨진 우주Warped Passages》, 《천국의 문을 두드리며Knocking on Heaven's Door》, 《암흑물질과 공룡Dark Matter and the Dinosaurs》 등 수많은 책과 논문을 발표했다.

리사 랜들

● 이론물리학이라고 하면 일상과는 거리가 먼 블랙홀이나 암흑물질과 같은 용어가 가장 먼저 떠오른다. 우주는 우리처럼 평범한 사람들의 고정 관념을 모조리 깨부술 만큼 매우 흥미로운 분야다. 공룡 멸종에 관한 이야기는 물론 인류의 진화, 생명은 무엇인가라는 근본적인 주제와도 관련이 깊다.

리사 랜들 박사는 이론물리학으로 우주의 구조를 밝혀내는, 정신이 아득해질 정도로 심오한 연구에 몰두하고 있다. 그러나 보통 사람들이 우주에 대해 가장 관심을 가지는 주제는 외계생명체일 것이다. 이론적으로 외계생명체의 존재는 증명되었다고 할 수 있으나 실제로 목격할 날이 올지는 모두의 관심거리다.

모든 것은 원자로 이루어졌다는 고정 관념

이론물리학자에게 우주 연구에서 믿을 만한 도구는 자신의 사고뿐인가요? 아니면 거대강입자충돌기(Large Hadron Collider, LHC) 같은 실험 장치를 사용하시나요?

— 제 연구에는 강입자충돌기가 필요하지만 실제로는 다른 연구자가 실험해서 측정값을 도출해줍니다. 순수하게 이론 연구만 하는 연구자도 있어요. 제가 하는 연구는 대부분 측정한 데이터를 활용합니다. 연구 대상이 존재하는지 예측할 방법을 찾고, 측정 결과를 해석할 수 있는 이론(가설)을 세우는 일이죠.

우주 최대의 수수께끼 중 하나인 '암흑물질dark matter'은 문자 그대로 눈에 보이지 않는 물질이라고 하던데 우리의 지각과 상식에는 맞지 않는 것 같습니다. 암흑물질은 이론상으로만 존재하는 물질인가요?

— '보이지 않는다'는 표현은 정확하지 않아요. 우리는 실제로 자신의 눈에 직접 보이는 것만 실재한다고 생각해요. 하지만 오노 씨는 자기 눈이라고는 해도 안경을 쓰고 있

잖아요? 안경의 렌즈를 통해 들어온 영상을 뇌가 처리해서 보고 있는 것이죠. 모든 물질을 반드시 직접 보는 것은 아니에요.

마찬가지로 암흑물질은 우주에 존재하는 물질 중 하나지만 빛을 방출하지도 흡수하지도 않기 때문에 눈으로 직접 볼 수 없습니다. 현재 밝혀진 것은 암흑물질과 보통 물질이 중력을 통해 상호작용한다는 것뿐이죠. 우리는 그것이 중력을 통해 상호작용한다는 증거를 '관측'할 수 있습니다.

우주에는 일정량의 암흑물질이 존재한다는 가설에 따라 항성, 은하계, 은하단의 움직임, 빅뱅•으로 발생한 우주마이크로파배경복사cosmic microwave background radiation••와 같은 현상을 명확하게 설명할 수 있어요. 암흑물질의 존재를 상정하면 우주 현상이 모두 정확하게 들어맞습니다. 이는 암흑물질이 존재하는 증거라고 할 수 있죠. 그런 의미에서 암흑물질을 보았다고 하는 겁니다.

• 우주 최초의 대폭발

•• 우주 공간의 모든 방향에서 균일하게 관측되는 마이크로파의 열복사로 빅뱅 이론을 뒷받침하는 유력한 증거

눈에는 보이지 않지만, 확실히 존재하는 암흑물질이 일으키는 중력 효과가 없으면 우주는 지금과 같은 모습이 아니었을 거라는 말은 머리로는 이해가 됩니다. 하지만 그것은 우리가 잘 아는 만유인력의 법칙에서 나온 결과론이라서 당장은 믿을 수 없다는 사람도 있을 거예요.

— 여기서 버려야 할 것은 모든 물질이 원자로 이루어져 있다는 고정 관념이에요. 일종의 오만한 생각이죠. 애초에 우주에 존재하는 모든 것이 이미 아는 물질로 이루어졌다고 믿어도 될 만큼 우리 인간이 전지전능한가요? 우주를 구성하는 미지의 물질에는 원자(또는 원자를 구성하는 소립자) 이외의 것으로 이루어진 물질이 있을지도 모릅니다. 이러한 새로운 물질관은 그리 기발한 것이 아니죠.

눈에 보이지 않는 것, 혹은 모르는 것을 '존재하지 않는다'라고 믿는 오만함은 뇌의 한계 때문일까요?

— 어떤 의미에서는 뇌의 한계 때문이지만 엄밀히 말하면 뇌라기보다 우리가 지닌 감각의 한계 때문이에요. 우주에는 우리가 알아낼 수 없는 방법으로 상호작용하는 물질도 존재한다는 뜻입니다.

1916년 알베르트 아인슈타인이 존재한다고 예언한 중력파는 대규모 물리학 실험이 이루어지는 레이저간섭계 중력파관측소(Laser Interferometer Gravitational-Wave Observatory, LIGO)에서 2016년 세계 최초로 검출되었습니다. 암흑물질도 중력파처럼 실제로 검출되는 일이 일어날까요?

— 암흑물질의 정체가 무엇인가에 따라 다를 것입니다. 보통 물질처럼 조금이라도 빛과 상호작용을 한다면 관측할 수 있겠지만, 그렇지 않으면 불가능합니다.

앞서 제가 '관측'했다고 말한 의미는 암흑물질이 미치는 영향(중력 효과)을 확인했다는 뜻이지 입자로 구성된 것을 직접 관측했다는 뜻은 아닙니다. 이는 옆방에서 놀고 있는 사람이 14세 소년 해리라는 사실까지는 몰라도 실제로 인간이 있다는 사실은 안다는 비유와 비슷해요. 암흑물질도 그것이 무엇인지 직접 보지는 못했지만, 존재한다는 사실은 알고 있는 것입니다.

'보이지 않는다'는 표현은 정확하지 않아요. 우리는 실제로 자신의 눈에 직접 보이는 것만 실재한다고 생각합니다. 하지만 모든 물질을 반드시 직접 보는 것은 아닙니다. 암흑물질은 빛을 방출하거나 흡수하지 않기 때문에 눈으로 직접 볼 수 없습니다. 그러나 우리는 중력을 통해 상호작용의 증거를 '관측'할 수 있습니다.

공룡 멸종의 원인이 된 혜성 충돌

블랙홀black hole[•]도 그 특성상 직접 관측하는 것은 불가능하겠군요?

— 블랙홀이나 암흑물질은 직접 관측할 수 없다는 점에서는 같지만 성질이 매우 다릅니다. 블랙홀은 커다란 별이 타고 남아 생긴 밀도가 매우 높고 질량이 큰 물체입니다. 직접 관측할 수 없기 때문에 다른 물체와의 상호작용을 통해 간접적으로 관측할 수 있죠.

예를 들면, 우리는 블랙홀의 주위를 빠르게 돌고 있는 별을 관측할 수 있어요. 블랙홀을 둘러싼 강착원반accretion disk[••] 대신에 블랙홀에 빨려 들어가는 물질을 바로 관측할 수 있죠.

블랙홀의 경계선을 발견하려는 연구자도 있어요. 블랙홀끼리 가까워지면 엄청난 중력파가 발생하는데 그 중력파를 통해서 블랙홀이 융합하는 순간을 관찰할 수도 있습니다. 그런 의미에서 블랙홀을 보았다고 합니다.

• 커다란 항성이 다 타버리고 쪼그라들면서 생겨난 눈에 보이지 않는 천체로 강한 중력 때문에 물질도 빛도 탈출할 수 없다.

•• 가스나 먼지로 이루어진 원반 모양의 소용돌이

《암흑물질과 공룡》이라는 책에서 암흑물질이야말로 공룡을 멸종시킨 원인이라는 가설을 제시하셨습니다. 어떻게 이 가설을 세우게 되었나요?

— 저와 공동 연구자 매슈 리스Matthew Reece는 암흑물질 일부가 원반 형태로 한데 모여(암흑물질 원반dark matter disk) 우리은하의 원반 속에 담겨 있는데(이중 원반 모형), 태양계가 은하 중심을 돌다가 이 암흑물질 원반에 가까워지면 중력장의 차이로 조력이 커져서 바깥쪽에 있던 혜성이 궤도를 이탈해 지구에 떨어지기도 한다고 보았어요.

지질학자와 고생물학자가 관측한 결과들은 6600만 년 전에 거대한 혜성(유성체)이 지구와 충돌해 공룡을 비롯한 지구상의 생물 70퍼센트 이상이 멸종했다는 가설을 뒷받침했습니다. 저희 생각이 맞다면 공룡을 멸종하게 만든 혜성 충돌은 우리은하의 중간 면에 있는 암흑물질 원반이 일으키는 중력 때문이었다고 볼 수 있어요.

이 가설을 저에게 제안한 사람은 애리조나주립대학교의 물리학자인 폴 데이비스Paul Davis 교수입니다. 2013년 12월에 열린 연례 강연회에 초대받았을 때의 일인데 저는 그때까지만 해도 공룡 멸종에는 그다지 관심이 없었어요. 지구상에는 지름 20킬로미터가 넘는 크레이터가 20개 이상 확인되었는데 유성체 충돌은 3000만 년에서 3500만 년 주기로 나타납니다. 이 유성체의 충돌 주기도 암흑물질과 관련 있을지 몰라요.

인류 진화에 필요한 커다란 의문

《사피엔스》의 저자 유발 하라리Yuval Harari와 인터뷰했을 때 그가 인류의 창조와 진화를 얼마나 폭넓게 이해하는지 새삼스레 깨닫고 크게 감명받았습니다. 랜들 박사님의 경우 그보다 더 거시적인 관점에서 현상을 파악하시잖아요. 인류가 어떻게 여기까지 왔는지를 고민할 때 생물학적인 관점뿐만 아니라 우주의 비밀에 과감하게 도전하는 지식인은 꼭 필요하다고 생각합니다. 전 세계가 박사님에게 거는 기대가 큽니다.

— 감사합니다. 실제로 《암흑물질과 공룡》에 그런 거시적인 관점을 담으려 했어요. 저도 유발 하라리의 《사피엔스》를 인상 깊게 읽었습니다.

연구자로서 사소한 의문에도 집중해야 하지만, 더 커다란 의문을 항상 염두에 두려고 해요. 그런 커다란 의문이 인류의 진화에 어떤 의미가 있는지 생각해보는 일도 중요하죠.

그럼, 지금 박사님에게 가장 큰 의문은 무엇인가요?

— 좋은 질문이군요. 요즘 저는 관측의 의미를 이해하려 하고 있습니다. 그건 기본적인 일이기도 하고 저의 귀중한 정보원이기도 하니까요. 예를 들어 최신 중력파 측정 망원경으로 얼마나 많은 걸 알아낼 수 있을지, 그것이 실제로 어떻게 기능하는지 우리는 아직 제대로 이해하지 못하고 있습니다.

그것 말고도 중대한 의문이 많아요. 하나는 우주 인플레이션•에 관한 의문이에요. 급팽창이 어떻게 일어났는지, 물질이 어떻게 창조되었는지, 암흑물질과 암흑에너지dark energy의 정체는 무엇인지, 신의 입자라고 부르는 힉스Higgs 입자••는 왜 더 무겁지 않은지……. 이런 큰 의문들이 제 머릿속에서 떠나질 않죠.

• 초기 우주가 단시간에 급격하게 팽창했다는 이론

•• 우주가 탄생했을 무렵 다른 소립자에 질량을 부여한 입자

지질학자와 고생물학자가 관측한 결과들은 6600만 년 전 거대한 혜성이 지구와 충돌해 공룡을 비롯한 지구상의 생물 70퍼센트 이상이 멸종했다는 가설을 뒷받침했습니다. 저희 생각이 맞다면 공룡을 멸종하게 만든 혜성 충돌은 암흑물질의 영향 때문이었다고 볼 수 있어요.

현재 인간은 중력을 거의 다 이해하고 있나요?

— 중력의 기능적인 작용은 이해했다고 할 수 있어요. 아마도 근본적인 무언가가 중력을 만들어낼 텐데 그것이 무엇인지는 아직 잘 모릅니다.

우리가 학교에서 중력을 배울 때 선생님들은 중력에 대해 마치 모든 것이 다 밝혀진 것처럼 말하잖아요.

— 맞습니다. 교사는 학생들에게 중력이 어떻게 작용하는지를 가르치죠. 하지만 기본적으로 그 힘이 무엇인지는 가르쳐주지 않아요. 사람에 비유하면 그 사람이 누구인지는 알아도 그 사람의 부모가 어떤 성품을 가졌는지, 국적이 어딘지는 모르는 것과 같아요. 무언가를 안다고 해도 차이가 있습니다.

보통 사람들은 대부분 과학 초보자입니다. 학교에서 배운 것 이상으로 과학 지식이 풍부한 사람은 드물어요. 이론물리학의 난해한 현상을 일반인들에게 어떻게 설명하시나요?

— 먼저 저는 그런 분들께 "난해한 우주의 구조를 정말로 알고 싶나요?"라고 묻습니다. 우주를 이해하려면 엄청난 노력이 필요하니까요. 몇 가지는 수식을 이용해서 양적quantitatively으로 설명할 수 있지만, 자세히 이해하는 데는 한계가 있습니다.

흥미로운 사실은 한 차례 관심을 보인 사람은 깊이 있는 내용을 설명해도 눈을 반짝이며 잘 따라온다는 거예요. 이론물리학적 현상을 제대로 설명하려면 시간과 노력이 필요한데 그럴 때는 가르치는 사람도 보람을 느낍니다.

압도적으로 남성이 많은 물리학계에서 몇 안 되는 여성 학자이십니다. 연구를 하면서 여성이라는 이유로 차별을 느낀 적이 있습니까?

— 확실히 성별이 영향을 미칠 때가 있습니다. 여성은 물리학을 전공하지 않을 거라는 고정 관념이 있거든요. 연구 자금 지원이 필요할 때도 여성이라는 이유로 어김없이 남성보다 어려움을 겪어야 하죠. 세상에는 놀랄 만큼 뛰어난 여성 물리학자들이 많은데, 아마 그분들도 여태껏 큰 벽에 부딪혔을 테고 차별에 맞서 싸워야 했을 겁니다.

몇 년 전에 작고한 스티븐 호킹Stephen Hawking 박사의 장례

식에서 겪은 일이 떠오르네요. 제가 조금 늦게 도착했는데 원래 정해져 있던 제 자리에 다른 사람이 앉아 있었어요. 하는 수 없이 물리학자에게만 지정된 좌석 번호가 적힌 표를 관계자에게 보여주었더니 제가 여성인 걸 보고 "어느 대학교의 누구와 함께 오셨나요?"라고 묻는 거예요. 물리학자는 남성이어야만 한다는 태도를 그때 분명하게 느꼈죠.

외계생명체의 존재는 부정할 수 없다

우주라고 하면 보통 사람들은 외계생명체부터 떠올릴지도 모릅니다. 큰맘 먹고 여쭤보는데요, 박사님은 외계인이 존재한다고 생각하시나요?

— 언젠가 트위터로 소통할 때 어떤 분이 외계인을 '플라네타리안planetarian'이라고 부르더군요. 그 명칭이 에일리언alien보다 더 정확한 표현이라고 생각해요. 플라네타리안은 다른 행성에 사는 사람이라는 뜻입니다.

그럼, 플라네타리안이 존재하는지 아닌지는 어떻게 결론이 났나요?

— 어떻게 그 존재를 찾아야 할지 방법을 모른다고 하면 이해하지만, 외계생명체가 존재할 리 없다고 생각하는 이유는 도무지 모르겠더군요. 현재 우주의 다른 생명체를 탐사하는 방법은 여러 가지가 있지만, 무엇을 찾아야 할지 정확하게 모른다면 원하는 것을 찾지 못할 수밖에 없습니다. 물론 외계생명체를 찾는 일은 매우 어려울 거예요. 그렇다고 해서 찾으려는 노력조차 하지 말아야 한다는 뜻은 아닙니다.

플라네타리안이 우리를 찾으려 할지도 모르겠군요.

— 그럴지도 모르겠네요. 다만 우주에 우리가 존재한다는 적절한 신호를 내보내고 있지는 않습니다. 그래서 그들에게는 우리가 보이지 않을 거예요. 더욱 현명한 방법을 모색해야겠죠.

플라네타리안이 존재하는지 알아내려면 우리는 무엇을 해야 할까요?

— 현재 전 세계의 많은 과학자가 외계생명체를 연구하고 있습니다. 예를 들어 전자 신호를 디지털 신호로 확인하는 방법도 있고요. 전자 신호는 매우 좁은 파장인데 그 신호는 간단하게 설명하기 어려운 다양한 패턴, 다른 화학물질 정보나 대기 정보를 담고 있습니다.
행성에 외계생명체가 존재하거나 존재하지 않는 데는 어떤 차이가 있는지 그 이유를 먼저 알아내야만 해요. 다만 그 이유를 밝히기 위해서는 엄청난 노력이 필요합니다.

만약 플라네타리안이 존재한다는 사실을 알아도 인류가 '그들을' 만날 수 있을지는 또 다른 문제겠군요. 우주선을 타고 만나러 가거나 '그들이' 우리를 찾아오거나……. 실제로는 불가능하지 않을까요?

— 그럴 일이 절대로 없다고는 말하지 못하겠습니다. 다가올 미래에 무슨 일이 일어날지는 모르니까요. 외계생명체를 만나는 데 필요한 기술이 개발될지도 모르죠. 다만 사람들이 기대하는 극적인 만남이 아니라, 예를 들면 인간과 대화할 수 없는 아메바 같은 생명체와 만나게 될지도 모르겠네요.

플라네타리안을 찾아내는 일에 관심이 있으신가요?

— 극한 환경에 사는 지구상의 생명조차 아직 밝혀내지 못한 게 많아요. 애초에 지금 우리가 생명이라고 여기는 것만이 생명일까요? 지구 밖에는 다른 '종류'의 생명이 있을지도 모르죠. 이것은 본질적이고 심오한 질문이라 가슴이 뛰는다.

4장

인간은 어떻게 진화할 것인가

인류의 자기가축화

문화-유전자 공진화로

자연과 인공의 경계선을 넘어선

인간을 만나다

Joseph Henrich

조지프 헨릭

진화인류학자

하버드대학교 인간진화생물학 교수이자 브리티시컬럼비아대학교 심리학부와 경제학부 교수로 재직 중이다.
심리학과 문화에 대한 진화적 접근에 중점을 두고 문화 학습, 문화 진화, 문화와 유전자의 공진화, 인간의 사회성 등과 관련된 주제를 연구하고 있다. 페루, 칠레, 남태평양 지역에서 오랫동안 현장 연구를 하며 민족지학적 도구를 심리학 및 경제학에서 가져온 실험적 기법과 통합했다.
2003년 '젊은 과학·공학자 대통령상'을 받았고, 저서 《호모 사피엔스, 그 성공의 비밀The Secret of Our Success》 등을 비롯해 수많은 논문을 발표했다.

HUMAN SWARM
The Symbolic Species
L'intelligence
collective

조지프 헨릭

● 인간이 지금과 같은 모습을 하게 된 과정을 이해하려면 '진화'의 관점에서 보아야 한다. 그러나 같은 '진화'라는 단어를 사용하더라도 연구자마다 견해가 다르다.

조지프 헨릭 박사는 '자기가축화'라는 관점으로 진화를 바라보는데, 언뜻 역설적으로 보이는 이 견해는 최근에 급속도로 발전하고 있는 디지털화까지 진화 과정의 일부로 설명할 수 있어 경이롭다.

헨릭 박사의 관점에서는 이 책의 1장에 등장하는 제니퍼 다우드나 박사의 유전자 편집 기술도 '문화-유전자 공진화'라는 기나긴 과정에서 보면 특별히 '인공적'인 것은 아니다. 인류는 200만 년 전, 아주 먼 옛날에 이미 '자연과 인공의 경계선'을 뛰어넘었기 때문이다.

왜 인간만이 문화를 형성했는가

우리는 인간이 다른 동물에 비해 여러 가지 면에서 '뛰어나다'고 생각합니다. 그런데 박사님의 책 《호모 사피엔스, 그 성공의 비밀》을 읽으면 인간 개개인의 능력이 다른 동물과 비교해 얼마나 보잘것없는지 뼈저리게 느끼게 됩니다. 인간은 문화를 형성한 덕분에 집단으로 보면 강하다고 했는데 그 말은 무엇을 의미하는 건가요?

— 이 책에서 주장하는 바는 인간 종이 성공한 비밀은 개개인의 문제 해결 능력 때문이 아니라는 것입니다. 인간은 극한 환경에 남겨졌을 때 식량을 발견하거나 외부의 적을 피해 몸을 숨길 은신처를 만드는 일처럼 다른 종이라면 쉽게 할 수 있는 기본적인 일조차도 하지 못할 때가 많습니다. 수백만 년이나 걸려 진화한 커다란 뇌를 가지고 있는데도 인류는 특정 시기의 험난한 환경에서 살아남기가 어려웠거든요.

인간이 어떻게 북극이나 콩고, 아마존강 유역 같은 위험한 지역에서 살아왔는지를 조사해보면 선대로부터 물려받은 방대한 문화 정보에 의지해 살아남았다는 사실을 알 수 있습니다. 도구를 만드는 법이나 식량을 찾는 법,

요리하는 법, 약초를 찾는 법 같은 정보 말이에요.

인간은 앞 세대로부터 행동 양식을 배워 개선하고, 다음 세대로 새로운 아이디어나 기술을 전수하면서 여러 세대를 거쳐 적응해왔습니다. 수많은 세대를 지나 유전 정보와는 다른 적응 정보를 가지게 되었죠. 이것이 유전적 진화와 맞물려 제2의 계승 시스템을 만든 겁니다.

그렇다면 인간은 세대가 지날수록 영리해진다는 말인가요?

— 문화를 전파한 덕분에 환경에 잘 적응할 수 있었다는 뜻입니다. 그렇게 우리는 갖가지 문제를 해결하고 새로운 기술을 습득해왔어요.

인간에게는 범용 지능이라고 할 만한 능력이 있습니다. 도르래나 용수철은 여러 가지 도구를 만드는 데 도움이 돼요. 하지만 그런 물건을 한 가지 목적으로 발명하기는 어렵습니다.

예를 들어 바퀴는 인류사에서 비교적 늦게 발명되었지만, 그 후로 짐마차에 이용되었고 도자기 제조에 쓰이는 물레에도 사용되었어요. 바퀴 그 자체를 발명하는 일은 어렵지만, 응용은 간단해서 여러 방면에 활용할 수 있습니다. 결국에는 바퀴 덕분에 물레방아나 톱니바퀴 같은 여러 가지 물건을 발명할 수 있었던 것이죠.

어째서 인간만 문화를 만들어온 걸까요?

— '모방'할 수 있었기 때문이에요. 인간은 타인에게 배우면서 문화를 형성했어요. 무언가를 할 때 필요한 움직임이나 자세뿐 아니라 동기나 목표, 전략, 기호 등을 따라 하면서 문화를 이룩해온 것입니다.

인간 외에도 영장류 중에서는 모방을 할 수 있는 종이 있을 것 같습니다. 모방이라는 인간의 특수성을 어떻게 생각하시나요?

— 분명 인간 이외의 영장류나 다른 종도 많은 연구를 통해 어느 정도 사회적 학습을 한다는 것이 밝혀졌어요. 만약 제가 침팬지이고 나무 열매를 쪼개는 법을 배우려 한다면 다른 침팬지 무리에 다가가 그 방법을 익히겠죠. 다른 동물들이 보이는 몇 가지 습성은 그런 식입니다.
침팬지나 다른 영장류가 인간보다 뛰어난 사회적 학습 능력을 갖추고 있다는 사실을 보여주는 실험도 있지만,

인간의 모방 능력에는 미치지 못해요. 인간 이외의 동물은 어려운 문제에 맞닥뜨렸을 때 다른 동물의 행동을 따라 하기보다 자신의 경험을 중시합니다. 침팬지와 인간 아이를 비교해보면 잘 알 수 있어요.

인간의 행동이나 심리를 설명할 때면 '유전인가 환경인가'를 두고 논쟁이 벌어집니다. 박사님의 주장이 이러한 논쟁에 파문을 일으켰다고 할 수 있을까요?

— 저는 책에서 결론을 내려고 했어요. 다시 말해서 우리는 뛰어난 문화적 학습자가 되기 위해 자연선택되었고, 타인의 행동을 주의 깊게 지켜보면서 정보를 통합하도록 자라났어요. "문화를 만든다."라는 말은 그런 뜻입니다. 이러한 견해는 '유전 대 환경' 논쟁을 진화론적인 관점에서 생각하게 하는 동시에 소모적인 이분법적 논쟁을 해결해 줍니다.

우리는 아직도 '유전 대 환경'이라는 이분법적 논쟁을 즐기고 있군요.

— 그렇습니다. 인간이 문화에 의존한다는 사실을 이해하면

'환경'이라는 가설을 문화진화론적 관점에서 받아들일 수 있습니다. 의류나 조리법 같은 문화의 산물이 인간의 뇌와 신체에 유전적인 변화를 가져왔습니다. 저는 문화와 유전의 상호관계를 '문화-유전자 공진화'라고 합니다. 이것은 진화론에 속한다고 보아도 충분한 이론입니다.

인간의 뇌는 분업으로 네트워크를 구축했다

유발 하라리의 《사피엔스》에는 인류가 가장 행복했던 시절은 수렵·채집 시대였다고 쓰여 있습니다. 이 견해에 대해서는 어떻게 생각하십니까?

— 그 질문은 대답하기 너무 어렵네요. 옛날에는 지금보다 일하는 시간이 짧았고, 모두가 가족에 둘러싸여 밀접하게 이어져 있었습니다. 그것은 좋은 면입니다.
하지만 옛날에는 살인이나 수탈이 거리낌 없이 일어났고, 질병이나 기아가 발생해도 치료제가 없던 시대라 큰 어려움이 많았습니다. 식량이 늘 충분하지도 않았고요. 지금은 돈만 있으면 마트에 가서 식료품을 살 수 있습니다. 식량이 풍부한 편이 모자란 것보다 나은 것은 분명합니다.

그렇다면 그는 왜 수렵·채집 시대가 더 행복했다고 말했을까요?

— 당시에는 인간관계에서 끈끈한 유대감을 느꼈고, 지금보다 생활이 단순해서 경쟁이나 스트레스가 적은 사회였다는 점이 그의 뇌리에 남아 있던 것은 아닐까 싶군요.

디지털화는 지금까지의 기술 발전과는 비교할 수 없을 정도로 급속히 발달하고 있습니다. 인간이 문화를 통해 발전해왔다면 디지털화는 진화의 측면에서 특이한 현상인가요? 아니면 진화의 연장선일 뿐인가요?

— 그 부분은 많이 생각해봤습니다. 기술의 진화라는 면에서 보면 인간은 지금까지 문화를 축적하는 데 기여한 '집단 뇌'를 사용해왔다는 사실을 알 수 있습니다.
새로운 아이디어나 기술 창출은 사회 규모, 상호 접속성과 관련이 있어요. 새로운 아이디어는 우리가 여러 가지 교통수단이나 정보 기술을 통해 전 세계와 소통하면서 기존의 관념을 결합하고 수정하는 과정에서 탄생합니다.

디지털 시대에는 '모방'의 수단이 한없이 늘어나기 때문에 스스로 생각하는 능력이 저하되지 않을까 하는 우려 섞인 지적도 있습니다. 이에 대해 어떻게 생각하시나요?

— 사실 인간의 사고 능력 저하라는 문제는 훨씬 이전부터 일어나고 있었습니다. 인류는 스스로 쌓아온 문화 때문에 본래 동물로서 지닌 특성을 변화시켜왔습니다.

한 가지 예를 들어보겠습니다. 요리에 사용하는 불은 기본적으로 몸 밖에서 일어나는 소화를 의미합니다. 불을 사용해서 음식물을 분해하고 단백질을 다른 성질로 바꿔 소화를 돕는 것이죠. 결과적으로 소화를 돕는 조직이 줄어들게 됩니다. 그래서 우리는 원숭이가 가지고 있는 커다란 위와 고릴라 같은 멋진 흉곽이 필요 없습니다.

덧붙여 말하자면 인간의 뇌는 분업으로 네트워크를 구축해왔습니다. 저는 자동차나 스마트폰을 어떻게 만드는지 모르지만, 그 정보는 다른 사람의 뇌에 저장되어 있어요. 우리는 개인이 무능력해도 집단 사회로 결속할 수 있습니다. 인간은 분담으로 부담을 줄일 수 있어요. 책이든 인공지능이든, 정보 기술이라고 불리는 수단은 모두 똑같습니다. 인간 개인이 짊어지는 부담이 줄어드는 것이죠.

우리가 무능력하다고 느낄 필요는 없겠군요.

— 그렇죠. 설령 혼자서는 알기 힘든 정보라도 인터넷에 저장되어 있으니까 기억할 필요가 없습니다. 뇌에는 더욱 중요한 정보를 조금만 넣어두면 되는 거죠.

동성애는 인간만의 특성이 아니다

인간의 문화에서 '가족'은 중요한 개념입니다. 아시아 국가의 경우 다른 문화권과 달리 아버지가 가장으로서 가족을 부양하는 가부장제의 잔재가 아직 강합니다. 이것을 어떻게 생각하시나요? 남편은 밖에서 일하고 부인은 집안을 돌보는 관습은 점점 사라지고 있는 추세지만요.

— 가족 문제는 아까 말한 인간의 분업과 관련이 있습니다. 인간이 부부의 연을 끈끈하게 유지해온 이유는 남녀가 아이를 양육할 목적으로 함께 살기 위해서입니다. 우리가 알아야 할 문화 정보가 늘어나면서 남성은 특정한 역할을 배우고, 여성은 남성과는 다른 역할을 배웠죠.

포유류는 수컷과 암컷이 하는 역할이 달라요. 인간도 마찬가지로 여성은 육아와 식량 채집을 담당하고 남성은 밖으로 나가 사냥, 이동, 물물 교환 같은 일에 힘썼어요. 저는 아시아 국가들의 가부장제에 대해 자세히는 모르지만, 집 안은 부인의 영역이고 집 밖은 남편의 영역이라는 것이겠죠? 옛날부터 해온 포유류의 분업이 그대로 이어지고 있는 것 같습니다.

현대 사회에서는 LGBT●와 같이 성 정체성이 다양하게 표출되고 있습니다. 인간의 문화가 진화하는 데 있어 '남성'과 '여성'이라는 성 차이가 의미하는 바는 무엇일까요?

— 제가 가르치는 〈인간의 본질Human Nature〉이라는 수업 중에 동성 간 성행위라는 주제가 있습니다. 이것은 인간만이 보이는 특유의 행동이 아니라 다른 많은 종에서도 나타납니다. 단순히 성욕을 채우기 위해서라기보다 개인 간의 유대감을 쌓기 위해 나누는 일종의 개방적인 행동을 동성끼리 해온 것으로 보입니다.

● 레즈비언, 게이, 바이섹슈얼, 트랜스젠더의 앞글자를 딴 것으로 성적 소수자를 지칭

동성애는 인간에게서만 존재한다고 생각했는데 의외의 사실이로군요.

— 그렇지 않습니다. 동성애는 다양한 종에서 확인되었어요. 특히 인간과 가장 가깝다고 알려진 보노보bonobo는 동성끼리 성행위를 많이 하기로 유명합니다. 암컷은 '동맹' 관계를 맺기 위해 동성끼리 성행위를 합니다.

그 정도로 보편적인 일을 우리는 행동 양식으로 받아들이지 않았다는 말인가요?

— 현대 사회에서 나타나는 동성애에 대한 반감은 가톨릭교회의 종교적 사상에 뿌리내린 서양 문화가 전 세계에 널리 퍼지면서 생겨났습니다. 가톨릭교회가 동성애를 비난하면서 그 사상이 서양 문화에 스며든 것이죠. 하지만 확실히 최근에는 흐름이 점점 바뀌고 있습니다.

인류의 '자기가축화'

안드로이드, 자율주행, 유전자 편집처럼 과학의 진보는 멈출 줄 모릅니다. 인류는 '판도라의 상자'를 열어버린 걸까요?

— 유전자 편집을 생각할 때 말할 수 있는 사실은 이미 인간은 일종의 도태를 계속해왔다는 겁니다. 인류는 집단에 요구되는 조건을 옛날부터 매우 엄격하게 여겼습니다. 몇몇 수렵·채집 민족이 죄지은 사람이나 배우자가 없는 사람을 처형해왔듯이 우리는 계속해서 사회적 도태를 해왔죠. 이를 인류의 '자기가축화'라고 합니다.

개나 말을 가축화했듯이 우리는 다른 어떤 유인원보다도 온순하게 순응을 잘하는 동물이에요. 인간의 '반응적 공격성'• 은 다른 유인원보다 훨씬 약합니다. 침팬지나 보노보와 다르게 우리는 문제를 해결하기 위해 무조건적으로 폭력을 이용하지 않고 자제력을 발휘합니다. 인류는 이미 자신의 진화 방향을 정해놓았다고 할 수 있어요.

크리스퍼 유전자 가위라고 불리는 유전자 편집은 더욱 체계적으로 매우 빠르게 발전하고 있습니다. 선택 과정(도태 과정)은 보통 무의식적으로 일어나지만, 유전자 편집은 인간이 원하는 대로 선택할 수 있으니 결과가 어떠할

• 자기가 위험에 처했을 때 나타나는 공격성

지도 이미 알고 있죠.

박사님은 유전자 편집에 대해 어떻게 생각하십니까?

— 신중하게 접근해야 한다고 생각합니다. 현실적으로 인간이 유전자 편집을 그만둘 리는 없으니까요. 앞으로도 이와 관련된 연구 개발은 계속될 것입니다. 크리스퍼 유전자 가위를 사용해 선천성 질환을 없앨 수도 있으니 말이죠.

사용 목적에 따라 다를 수 있다는 말이군요.

— 누구나 찬성할 수 있는 기본적인 목적이 존재할 겁니다. 안구의 색이나 키 같은 조건을 선택해서 맞춤 아기를 만드는 일은 논란을 불러일으키겠죠. 유전자 편집은 매우 신중하게 다루어야 합니다.

어떤 면에서 더 주의해야 할까요?

— 전 세계에서 통용되는 윤리 규정이 필요하다고 생각합니

다. 스스로 나서서 위험을 무릅쓰려는 나라가 있는가 하면, 그렇지 않은 나라도 있으니까요.

디지털화는 진화 과정의 일부일 뿐이다

2018년 말에 중국인 과학자가 세계 최초로 유전자 편집 기술을 사용해 쌍둥이 아기를 탄생시켰습니다.

— 중국은 어떤 나라보다도 먼저 윤리적으로 물의를 일으킬 만한 실험을 감행할지도 모릅니다. 만약 인간의 지능에 관여하는 유전자를 선택했을 때, 그 선택에 따른 예상치 못한 다른 특징이 동시에 나타날 가능성이 있습니다. 하지만 우리는 그것이 무엇인지 미리 알 수 없습니다.
이런 점에서 가장 참고할 만한 사례는 러시아가 여우로 실시한 일련의 실험이에요. 가축화하기 위해 인간의 곁에 있으면 온순해지도록 여우의 유전자를 선택했더니 그에 따른 예상치 못한 다른 특징도 나타났습니다. 유전자 하나가 한 가지 특징만 결정하는 것이 아니라 발생 과정에서 여러 특징과 연결되어 있기 때문이죠. 마찬가지로 지능에 관여하는 유전자를 선택해서 유전자 편집을 하더라도 심술궂고 이기적이고 협력할 줄 모르는 인간이 태어날 수 있습니다.

어떤 부작용이 일어날지는 실제로 해보지 않으면 모른다는 말이군요. 사람을 대상으로 직접 실험해야 할까요?

— 인간이 아닌 다른 종으로도 비슷한 실험을 할 수 있을 겁니다. 가축화 과정과 관련 있는 유전자는 다른 종에서도 비슷하게 성공한 것 같습니다. 인간이 아닌 동물 실험은 어느 정도 효과가 있겠죠. 다만 IQ나 지식에 관여하는 인간의 유전자가 다른 동물을 인간처럼 똑똑하게 만들지는 모르겠습니다. 다른 종으로 하는 실험은 불가능할 수도 있겠네요.

요즘 우리는 너무 '인공적'으로 변하지 않았나요?

— 최근에 유독 그렇게 변했다고 생각하지는 않아요. 인류는 '문화-유전자 공진화'라는 긴 과정을 거치고 있다는 의미에서 이미 충분히 인공적이기 때문이에요. 사람에게

는 용수철처럼 작용하는 아치형 발바닥이나 잘 늘어나는 목덜미 인대•가 있습니다. 이런 특징들은 전부 인간이 먼 거리를 달리며 사냥했던 문화에서 기인했습니다. '문화-유전자 공진화'가 신체 해부학적 구조를 바꾼 것이죠. 그런 변화는 문화에 의해 일어났기 때문에 인류는 이미 인공적이라고 할 수 있습니다.

인류는 자연과 인공의 경계선을 아주 먼 과거에 이미 뛰어넘었다는 말인가요?

— 200만 년 전에 뛰어넘었어요. 앞으로 인류가 어디까지 진화할 수 있을지가 문제입니다. 우리 문화는 점점 더 기술과 통합되어갈 거예요. 그것이 좋은 일인지 아닌지는 차치하고, 오늘날 디지털화의 발달은 지금까지 반복되어온 진화 과정의 일부일 뿐입니다.

• 경추 극상돌기와 후두골 사이에 있으며 머리가 앞으로 고꾸라지는 것을 막아주는 탄력 섬유

인간은 앞 세대로부터 행동 양식을 배워 개선하고, 다음 세대로 새로운 아이디어나 기술을 전수하면서 여러 세대를 거쳐 적응해왔습니다. 수많은 세대를 지나 유전 정보와는 다른 적응 정보를 가지게 되었죠. 이것이 유전적 진화와 맞물려 제2의 계승 시스템을 만든 겁니다.

5장

무엇을 어떻게 먹고 살아갈 것인가

음식과 요리의 진화

음식을 둘러싼 수많은 논쟁 속에서
진화생태학자가 전망하는
인류와 음식 문화의 미래

Jonathan Silvertown

조너선 실버타운

진화생태학자

에든버러대학교 생물학부 진화생태학 교수로, 식물개체군 생물학 전반에 대한 연구를 바탕으로 생태학과 진화에 관한 다양한 연구 및 저술 활동을 펼쳤다. 특히 요리와 요리 도구의 발명이라는 키워드로 인류 진화의 메커니즘을 풀어 큰 주목을 받았다. 현재는 생물다양성 연구와 봉사 활동에 디지털 도구를 활용하는 방안에 대한 연구를 수행하고 있다.

저서 《먹고 마시는 것들의 자연사Dinner with Darwin》, 《늙는다는 건 우주의 일The Long and the Short of It》, 《씨앗의 자연사An Orchard Invisible》 외에도 수많은 저술과 논문을 발표했다.

JANE BROWN
Taming the Flood
Old Fields
Dispersal Ecology
LARREA
WILD OATS IN WORLD AGRICULTURE

● 조너선 실버타운 박사가 '진화'를 바라보는 관점은 매우 흥미롭다. 그는 음식으로 진화론을 살펴보는데, 요리뿐만 아니라 요리 도구인 그릇의 발명 또한 진화의 중요한 분기점이라고 말한다. 우리가 당연하게 여겼던 일이 진화에 헤아릴 수 없을 만큼 커다란 영향을 미쳤다고 생각하면 그것만으로도 가슴이 벅차오른다.

실버타운 박사의 설명을 들으면 유전자 변형 식품에 대한 우리의 근거 없는 공포도 눈 녹듯이 사라진다. 건강하게 사는 법에 대한 견해는 데이비드 싱클레어 박사와 조금 다르지만, 음식의 관점에서 진화를 바라보면 지금까지 없던 새로운 발견이 가능하다는 사실을 다시 한번 깨닫게 된다.

요리는 '몸 밖에 있는 위'

《먹고 마시는 것들의 자연사》는 음식과 인류의 진화가 어떤 관련이 있는지 가르쳐줍니다. 요리는 인간과 다른 동물을 구별하는 특징 중 하나인데요, 애초에 요리란 무엇인가요?

— 생물학적으로 볼 때 요리에는 몇 가지 역할이 있습니다. 그중에서 가장 중요한 역할은 '몸 밖에 있는 위'와 같은 기능을 한다는 것입니다. 음식을 요리하면 소화가 쉬워지죠. 예를 들어 전분이 영양분인 당으로 분해되기 쉽고, 부드러워진 고기에서 단백질을 쉽게 섭취할 수 있습니다. 만약 인간이 요리하지 않았다면 지금보다 40퍼센트가량 커다란 위가 필요할 거예요.

요리와 더불어 불을 사용하는 것도 인간만의 특성으로 볼 수 있겠군요.

— 거의 모든 동물은 불을 무서워합니다. 인간이 불을 발견한 것은 분명해 보입니다. 하버드대학교의 리처드 랭엄 Richard Wrangham 교수는 인간이 불을 발견한 시기가 호모 에렉투스Homo erectus 시대니까 200만 년 가까이 그 역사를

거슬러 올라갈 수 있다고 주장합니다.

하지만 저는 그렇게 생각하지 않아요. 화석으로 밝혀낸 과학적 증거로 보면 기껏해야 몇만 년 전에 일어난 일이니까요. 랭엄 박사는 인간이 아주 먼 옛날부터 요리를 해왔다는 해부학적 지표가 있다고 주장했습니다.

왜 인간은 불을 사용하려 했을까요?

— 야생동물로부터 몸을 보호하기 위해서였는지도 모릅니다. 인간이 진화하면서 체모가 줄어든 이유는 불을 사용해서 체온을 높일 수 있었기 때문입니다. 밤에 추위를 피하고 몸을 지키기 위해서도 불을 사용했죠. 불을 사용한 데는 요리뿐만 아니라 여러 가지 목적이 존재했습니다.

불을 사용해서 매우 다양한 요리를 할 수 있었겠네요.

— 그럼요. 요리는 음식을 더 맛있게 해줍니다. 요리는 익히지 않으면 독성을 띠는 음식이나 맛없는 음식을 먹기 쉽게 만들어주죠. 여러 가지 식재료와 버무려 요리하면 더욱 맛있어집니다. 지구상에는 매우 다양한 음식이 있는

데 그 조합을 가능하게 하는 것이 바로 요리입니다.

그렇다면 인간은 왜 애피타이저, 반찬, 주식, 디저트 같은 복잡한 메뉴를 개발했을까요? 이런 메뉴가 자리 잡은 분기점이 있는지 궁금합니다.

— 그릇의 발명이 중요했을 거라고 생각합니다. 특히 불을 사용할 때 내열 용기가 없다면 마시멜로를 굽거나 고기를 구울 수 없겠죠.
초기에 등장한 요리법은 물을 담은 용기를 불에 올리는 식이 아니라, 뜨겁게 달군 돌을 용기에 넣는 방식이었습니다. 돌이 든 용기에 음식을 넣어 요리하면 용기가 내열성이 없어도 문제가 없거든요. 하지만 화로나 부뚜막 위에 걸어둘 수 있는 갈고리 모양의 그릇이 발명된 뒤로 요리의 폭이 매우 넓어졌습니다.

과학자가 생각하는 음식과 건강의 관계

흔히 사람들은 "음식이 건강을 좌우한다You are what you eat."라고 말합니다. 평소 음식을 드실 때 특별히 신경 쓰는 것이 있습니까?

— 음식이 건강에 영향을 주는 것은 사실이지만 저는 이 격언에 대해 조금 회의적입니다. 전 세계 사람의 음식 취향은 가지각색입니다. 채식만 하는 사람도 있고 육식만 하는 사람도 있습니다. 그 사이에는 무한대의 음식 조합이 있고 모든 사람이 각자의 요리 문화를 발전시키고 있죠. 저는 좋아하는 음식을 먹습니다. 지방을 많이 먹는 편은 아니지만 고기는 먹습니다. 많이 먹지는 않지만요.

채소를 싫어해서 먹지 않는 사람도 있습니다.

— 미국의 저널리스트이자 음식과 농업에 일가견이 있는 마이클 폴란Michael Pollan은 과하게 가공된 식품이 아닌 채소를 먹으라고 권합니다. 저 역시 이 주제에 관해 연구했습니다. 제가 얻은 결론은 건강하게 음식을 즐기는 방법은 많지만 지나치게 가공하지 않은 요리를 식물성 위주로 적당히 섭취하는 편이 좋다는 거예요. 섬유질이 풍부한 채소는 필요한 영양소를 모두 가져다줍니다. 그리고 적당한 운동이 중요해요. 날마다 몸을 움직이고 소식하는 것이 건강한 생활 습관이라고 생각합니다.

요리는 생물학적으로 중요한 역할을 합니다. 몸 밖에 있는 위라고 부를 수 있는 기능을 하니까요. 음식을 요리하면 소화가 쉬워집니다. 전분이 당으로 분해되기 쉽고, 부드러워진 고기에서 단백질을 쉽게 섭취할 수 있습니다. 만약 인간이 요리하지 않았다면 지금보다 40퍼센트가량 커다란 위가 필요할 거예요.

아시아 문화권에서는 일반적으로 1일 3식(아침, 점심, 저녁)을 하고, 이것이 건강에 좋다고 생각합니다. 2장에서 인터뷰했던 하버드대학교의 데이비드 싱클레어 교수는 "1일 3식은 필요 없다. 2식만으로도 충분하다." 라고 말하고 있습니다. 이 견해에 대해 어떻게 생각하시나요?

— 그 의견에는 두 가지 관점이 있습니다. 하나는 아시아 국가의 경우 평소 섭취하는 열량이 낮다는 것입니다. 비만 인구가 적기 때문에 먹는 횟수가 체중에 미치는 영향이 비교적 적다고 할 수 있습니다.

미국이나 영국과 같은 서구에서는 인구의 3분의 1이 비만입니다. 그러니 먹는 횟수를 줄여도 원래 섭취량이 많기 때문에 이것이 반드시 식사 제한을 뜻하지는 않아요. 식사 제한은 하루에 2,000칼로리 미만의 음식을 섭취해서 사실상 몸을 기아 상태로 만드는 겁니다. 동물이 수명을 늘리는 데는 식사 제한이 효과가 있지만, 개인적으로 인간에게는 효과가 없다고 생각합니다.

'식사량을 줄이면 장수할 수 있는데 그렇다면 장수란 무엇인가?'라는 농담이 있어요. 단지 오래 살기 위해서인지, 몸과 마음 모두 건강한 삶을 살기 위해서인지, 그 사이의 균형을 생각해야 합니다. 싱클레어 교수는 건강 수명에 대해 어떻게 생각하는지 궁금하군요.

놓치기 쉬운 '과당의 덫'

박사님은 '과당의 덫'을 경고하셨는데, 무엇이 문제인가요?

— 과당●은 포도당 같은 단당류 중 하나로 간에서만 분해됩니다. 따라서 간이 체내에 있는 모든 과당을 소화하죠. 반면 포도당은 우리 몸의 혈액 속을 돌아다니며 모든 세포와 조직의 에너지원이 됩니다. 과당은 이 점이 매우 달라요. 과당이 체내에 많이 쌓이면 간에 악영향을 미치고 비만이 된다는 사실이 밝혀졌습니다.

흥미로운 실험 하나를 예로 들어보겠습니다. 한 그룹은 포도당 위주의 빵이나 파스타를 먹었고, 또 다른 그룹은 과당이 든 오렌지 주스를 마셨습니다. 그 결과 두 그룹이 섭취한 칼로리는 같아도 후자 쪽이 비만이 될 확률이 높았습니다.

● 꿀이나 과일에 주로 들어 있는 단당류의 일종으로 단맛이 강함

과당의 해로움은 별로 논의되지 않고 있군요.

— 우리가 먹는 음식에 당분이 너무 많다는 이야기는 자주 거론되지만 그건 가공식품에 한해서입니다. 사실 가공식품에는 과당이 감미료로 사용되고 있어요. 과당은 설탕이나 포도당보다 달고 맛있는 데다 저렴하기까지 해서 문제입니다. 자기도 모르게 많이 먹게 되기 때문이죠.

몸이 제대로 기능하려면 과당이 필요하지 않나요?

— 맞습니다. 몸에 필요한 성분은 에너지원이 되는 포도당입니다. 다만 과당의 이점은 몸을 원래 상태로 되돌린다는 것이에요. 과당이 든 식품을 조금만 섭취하면 비만을 예방하고 원래의 체형과 건강한 상태로 돌아갈 수 있습니다.

과당은 인간의 진화를 방해해온 걸까요?

— 그 질문에 결론을 내리는 건 시기상조라고 생각합니다. 과당을 많이 포함한 식품이 나오기 시작한 지는 비교적

최근으로 50~60년 정도밖에 지나지 않았으니까요.

다만 비만이 인간의 진화에 적게나마 영향을 미친다는 사실은 명백합니다. 첫째, 과거와 비교해서 비만 인구가 늘어나고 있습니다. 둘째, 비만은 수명을 줄이고 생식 능력을 떨어뜨립니다. 건강에 대한 부주의가 진화에 영향을 미친다는 사실은 의심의 여지가 없습니다.

식문화는 그 나라의 자유다?

최근에 비건vegan•도 유행하고 있습니다. 채식주의는 음식 진화의 계보에서 어떤 위치를 차지할까요?

— 동물성 식품을 전혀 먹지 않는 비건은 이례적이지만, 고기를 많이 먹을 필요는 없습니다. 역사적으로 보면 거의 모든 문화에서 고기를 쉽게 얻을 수 없었어요. 풍부한 채소와 곡물이 있으면 나머지는 약간의 고기만으로도 충분합니다.

• 육류, 해산물은 물론 달걀, 우유, 치즈 등 동물성 식품을 전혀 먹지 않는 완전 채식주의

인도에는 채식 문화가 존재하고, 한국이나 일본에도 종교적인 이유로 채식하는 사람이 있습니다. 다만 자세히 살펴보면 채식이라고 해도 채소나 곡물이 동물 성분에 오염된 경우가 많습니다. 그런 의미에서 완전 채식이라고 말하기 어렵고, 여기에서 섭취되는 미량의 동물 성분으로 흔히 말하는 비타민 같은 영양 부족도 보충되는 면이 있습니다.

식사는 그 나라의 문화와 관련이 깊죠. 일본에서는 고래 고기를 먹고 한국이나 중국에서는 개고기를 먹는 전통이 남아 있습니다. 일본인은 한국과 중국의 식문화를 비난하지만, 고래 고기를 먹는 일본의 식문화는 서양을 중심으로 한 국제포경위원회(IWC) 가입국으로부터 비난을 받습니다. 식문화는 그 나라의 자유가 아닐까요?

— 그 질문에 대해서는 가능한 한 외교적으로 대답해볼게요. 먼저 서양 사람 대부분은 개를 좋아하니까 개고기를 먹는 것에 반감을 느낄 것입니다. 다만 저는 동물은 동물이기 때문에 결국은 고기를 먹느냐 먹지 않느냐의 문제라고 봅니다.

반면에 고래는 해양 동물로 육지를 넘어선 인류의 자산

입니다. 게다가 멸종 위기에 놓여 있습니다. 많은 사람은 이런 면에 관심을 두고 있는 거겠죠.

즉 자원 고갈의 관점에서 본다는 뜻이군요?

— 맞습니다. 그러니까 이 문제를 한 나라의 식문화로 볼 수만은 없습니다. 고래가 어디에 살고 있는지, 멸종 위기에 처해 있는지, 이런 사실을 바탕으로 봐야 합니다. 다만 각 나라 사람들이 무엇을 먹든 거기에 대한 반론의 여지는 전혀 없습니다.

유전자 변형 식품에 대한 근거 없는 공포

대부분의 사람이 유전자 변형 식품(Genetically Modified Organism, GMO)에 거부감을 가지고 있습니다. 애초에 인공 식품과 자연 식품의 경계가 존재할까요?

— 거의 없다고 생각합니다. 약 20~30년 전에 유전자 조작을 우려하는 목소리가 나왔을 때는 아직 초기 단계였어

요. 하지만 원래 농업에서 재배한 작물은 의도하지 않았더라도 자연선택으로 인해 유전적으로 개량된 것입니다. 실제로 밭에서 나는 밀은 원래 종인 야생 밀보다 훨씬 큽니다. 연구소에서 인공적으로 개량하지는 않았지만 농민이 의도적으로 크게 자라는 품종을 끊임없이 선택해왔기 때문에 커진 것이죠.

자연선택으로 개량하는 방법은 시간이 꽤 걸리겠네요.

— 맞습니다. 현대 기술이 경이로운 이유는 인공적인 유전자 수정으로 자연에서 일어나는 개량 시간을 크게 줄일 수 있다는 점입니다. 예를 들어 야생 원종을 자국산 토마토로 만들어낸 중국의 연구소는 개량에 성공하기까지 약 1년 정도의 시간이 소요되었습니다.

유전자 변형 식품이 보급되고 있는 현실을 어떻게 보시나요?

— 저는 유전자 변형 식품을 음식의 한 가지 종류로 보고 있습니다. 반대하지도 않고요. 수십 년 전에는 유전자 편집 기술이 매우 한정되어 있었지만, 현재는 새로운 방법

이 끝없이 나오고 있습니다.

지금 화제를 불러일으키고 있는 크리스퍼-카스9이라는 유전자 편집 기술은 이미 박테리아에 있는 프로세스를 사용하고 있습니다. 이 방법이 자연스럽지 않다면 유전자를 박테리아에서 꺼낸 뒤 그걸 포유동물이나 식물의 세포에 주입하는 일도 자연스러운 방법이 아니겠죠. 유전자 그 자체나 유전자를 구성하는 메커니즘은 진화의 산물입니다. 그러니까 무엇이 자연스러운지 아닌지 논쟁하는 일은 우리에게 도움이 되지 않습니다.

우리가 지금 해야 할 일은 새로운 기술이 나왔을 때 그에 따른 위험성을 자세히 조사하고 객관적으로 평가하는 일입니다. 그런 안전성 평가는 유전자 변형 식품을 대상으로 여러 번 이루어졌어요. 예전에 안고 있던 두려움은 근거가 없다는 사실이 많은 연구를 통해서 증명되었습니다.

인공지능, 요리에 도전하다

기술의 발전으로 음식도 변해가는데 이것을 '인공적인 진화'라고 불러

도 될까요?

— 그렇습니다. 인류는 진화를 통해 인공적이라고 할 만큼 인류에게 적합한 환경을 만들어왔어요. 공존하는 지구의 생태계를 스스로 바꾸고 대기와 기후도 바꿔놓았죠. 우리는 지금 '인류세Anthropocene'●를 살아가고 있습니다. 인간이 지구라는 행성을 만드는 시대가 되었다는 뜻이죠. 우리가 의도하지 않은 일이나 미지의 현상도 일어나고 있지만, 그것은 모두 인류가 벌인 행동의 결과입니다.

인공지능과 디지털이 음식과 만나면 어디까지 진화할까요?

— 매우 재밌는 질문이군요. 한 연구자는 "지금 인공지능의 지능은 지렁이 정도다."라고 말했어요. 그는 인공지능의 알고리즘을 사용해서 새로운 레시피를 만드는 데 도전했죠. 하지만 인공지능은 이미 존재하는 레시피의 공통 정보만 꺼낼 수 있어서인지 전혀 먹을 수 없는 레시피가 나

● 노벨 화학상 수상자인 네덜란드 과학자 파울 크뤼천Paul Crutzen이 고안한 새로운 지질 시대의 구분으로 인류가 지구의 환경과 생태계에 막대한 영향을 미치는 '인류의 새로운 시대'라는 것을 의미

왔다고 합니다.

지금 인공지능은 터무니없는 레시피를 만들 때가 많아요. 레시피의 명확한 특징을 찾으려 하지만 아직 지능이 낮아서 괜찮은 메뉴를 만들 수 없죠. 미래에는 기술이 발전하겠지만 현재의 지능으로는 불가능합니다.

실력이 뛰어난 요리사는 문서로 만들 수 없는 지식과 기술을 가진 사람입니다. 인공지능으로 창조적인 레시피를 만들기 위해서는 그러한 기술을 인공지능에게 학습시켜야 합니다. 물론 바둑처럼 인공지능이 인간을 능가하는 분야도 있어요. 하지만 그건 논리를 통한 수학적 영역에 한해서예요. 인공지능이 유용할 때도 있지만 잘못된 결과를 초래할 때도 많습니다. 아직은 갈 길이 멀어요.

저는 유전자 변형 식품을 음식의 한 가지 종류로 보고 있습니다. 반대하지도 않고요. 유전자 그 자체나 유전자를 구성하는 메커니즘은 결국 진화의 산물입니다. 그러니까 무엇이 자연스러운지 아닌지 논쟁하는 일은 우리에게 도움이 되지 않습니다. 우리가 안고 있던 두려움은 근거가 없다는 사실이 많은 연구를 통해서 증명되었습니다.

6장

진화는 필연인가 우연인가

인간의 지성과 물리법칙

물리법칙에 따라 생물학을 탐색하는
우주생물학자가 살펴보는
생물 진화의 우주적 필연성

Charles Cockell

찰스 코켈

우주생물학자

에든버러대학교 우주생물학 교수이자 영국 우주생물학센터 소장이다. 2007년 영국의 SF 문학상인 아서 C. 클라크상을 받았다. 미국항공우주국(NASA) 에임스연구센터와 영국의 남극조사단, 개방대학교에서 연구 활동을 하고 있다.
그의 연구는 우주생물학과 미생물학에 대한 관심을 바탕으로 극한 환경에서의 생명의 다양성 및 생체 특징, 그리고 외계 환경의 잠재적 거주 가능성에 대한 이해에 중점을 두고 있다.
저서 《생명의 물리학The Equations of Life》 외에 300편 이상의 저술과 논문을 발표했다.

● 많은 사람에게 찰스 코켈 박사의 진화론은 고정 관념을 뒤흔들 만큼 신선하게 다가올 것이다. 애초에 생물학과 물리학은 인간이 인위적으로 나눈 것이기 때문에 그러한 분리 인식부터 없애야 하는데 코켈 박사는 멋지게 그 일에 성공했다.

여왕개미 이야기를 할 때도 개미집의 크기를 수식으로 변환하는 모습을 보면 가슴이 두근거린다. "생물의 행동은 물리 법칙에 조종당한 결과일 뿐이다."라는 코켈 박사의 놀라운 견해를 들으면 생물이 마치 로봇과 같이 느껴지는 사람은 나만이 아닐 것이다.

개미 집단에 리더는 없다

노을이 붉게 물든 저녁, 검은 무리를 이룬 수천 마리의 찌르레기가 갑자기 하늘을 가르더니 일제히 방향을 트는 광경을 본 적이 있는가. 기러기가 V자 대열을 지어 우아하게 하늘을 나는 모습은 질서 정연한 군대를 방불케 한다. 개미가 기계적으로 움직이는 모습을 보며 우리는 일종의 사회 조직을 떠올리기도 한다.

그러나 우주생물학자인 코켈 박사는 이러한 생명체의 움직임은 '지성'에 따른 행동이 아니라고 말한다. 그는 《생명의 물리학》에서 생물학과 물리학은 떼려야 뗄 수 없는 관계이고 생명체의 행동은 물리법칙을 바탕으로 일어나며, '진화'는 수식으로 변환할 수 있는 단순성을 지닌 최적의 결과라고 주장한다.

생명체의 행동과 진화 과정에는 어떤 '물리법칙'이 작용해 생존에 영향을 미치는 것일까? 인간처럼 '지성'을 가진 생물과 그렇지 않은 무생물을 구별하는 '물리법칙'은 도대체 무엇일까?

개미와 새, 물고기 떼의 복잡한 움직임에서 우리는 인간과 비슷한 사

회, 다시 말하자면 생명의 지성을 발견합니다. 코켈 박사님은 다른 생물들과 인간이 가진 지성을 어떻게 보시나요?

— 인간 사회에는 다른 생물과 달리 매우 복잡한 고유의 '전통'과 '문화'가 있습니다. 한 세대에서 다음 세대로 전파되는 이러한 전통과 문화에는 합리적이고 물리적인 근거가 없기 때문에 인간 사회를 단순한 수학 방정식으로 바꾸는 일을 어렵게 합니다.

그런가 하면 인간 문화의 밑바탕에는 생명 활동을 관장하는 기본적인 행동 원리가 있어요. 사실 우리의 행동은 생물학과 물리법칙으로 설명할 수 있는 이론을 바탕으로 설계되었다고 할 수 있죠. 하지만 호모 사피엔스에게 주어진 커다란 뇌를 보면 알 수 있듯이 강력한 문화적 세뇌나 전통을 따르는 불합리한 관습을 '지성'으로 받아들이는 부분도 있습니다.

인간의 뇌(지성)가 자연계의 물리법칙으로는 설명하기 힘든 불합리한 방법으로 문화 형성에 관여하고 있다는 말이군요.

— 그렇습니다. 문화는 인간의 지성이 낳은 특수한 산물입

니다. 개미와 조류 같은 다른 생명체는 인간처럼 삶의 행동 양식이나 자손의 행동 패턴에 영향을 주는 복잡한 문화가 없어요.

문화가 없는 생명체는 화학물질로 주고받는 교신이나 환경의 물리적 신호처럼 생명체에 프로그램된 상호작용을 바탕으로 행동합니다. 동물이나 곤충의 행동은 '예측 불가능'해 보이지만, 연구자들은 엄청난 노력을 들여 그들의 행동을 방정식으로 풀어내는 데 성공했어요. 이제 개미의 움직임을 비롯한 생명체의 행동을 수학적으로 설명하고 높은 확률로 예측할 수 있습니다.

집단으로 무리 지어 사는 생명체는 누구 하나가 리더를 맡아 서로 의사소통하면서 전체를 통일한다고 생각했습니다. 그런데 사실은 그게 아니라 개미들의 복잡한 움직임이 물리법칙의 지배를 받고 있다는 말인가요?

— 개미와 조류의 행동을 보면 리더가 있다고 생각할 수 있습니다. 하지만 그건 인간이 피라미드처럼 거대한 유적을 건설할 때 노동자에게 지시를 내리는 리더가 당연히 있어야 한다고 생각하기 때문이에요. 몇백 명이나 참가하

는 대형 프로젝트에 리더가 없으면 현장은 아수라장이 될 테니까요.

인간은 권력이나 역사의 '상징'으로 기념비를 세우죠. 이런 행동은 인류가 가진 문화적 요소에서 기인합니다. 하지만 다른 생명체가 자연에서 힘을 합쳐 먹이를 옮기거나 큰 무리를 지어 하늘을 나는 행동은 누군가의 지시나 명령에 따른 것이 아닙니다. 그들에게는 특정한 리더가 없어요. 언뜻 질서정연하게 보이는 생명체의 행동은 체내의 다양한 신호를 주고받으며 일어나는 단순한 상호작용의 결과일 뿐입니다.

그렇다면 곤충이나 동물은 별생각 없이 사냥을 하나요? 그것이야말로 물리학이나 화학 법칙만을 따르는…….

— 화학물질로 교신하는 개미를 예로 들어볼게요. 지금까지의 연구에서 개미집은 놀라울 정도로 복잡한 구조로 이루어져 있다는 사실이 밝혀졌어요. 일본의 홋카이도에서 발견된 개미집에는 3억 마리의 일개미와 100만 마리의 여왕개미가 서식하고, 4만 5000개나 되는 개미집이 가로세로의 통로로 이어진 '대도시' 구조를 이루고 있어요. 이

런 거대한 도시를 만드는 일을 여왕개미가 통제한다고 생각하겠지만 사실 그렇지 않습니다.

여왕개미가 일개미에게 어느 정도 지시를 내리는 것은 맞지만, 개미집을 만들거나 열을 맞추어 먹이를 나르는 일은 일개미끼리 상호작용한 결과일 뿐이에요. 몸에서 페로몬이라고 불리는 화학물질을 내보내 가까이에 있는 동료들을 불러 모으죠. 이런 각 개체의 자발적인 행동이 결국 개미 수억 마리의 집단 행동을 낳는 겁니다.

생물의 행동은 물리법칙의 결과다

생명체가 물리법칙에 따라 행동한다는 사실을 언제 발견하셨는지 궁금합니다.

— 제가 처음 발견한 이론은 아닙니다. 예전부터 그와 관련한 많은 논문이 발표되었죠. 놀랍게도 거의 모든 생명체의 집단 행동은 생각보다 정확하게 예측할 수 있고, 상호작용을 단순한 방정식으로 나타낼 수 있다고 연구자들이 입을 모아 말하고 있습니다.

물론 그 방정식은 한 가지가 아니라 생명체의 종류나 행동에 따라 몇 가지 수식을 도출할 수 있어요. 예를 들어 개미집의 크기는 $y=kx^n$이라는 수식으로 바꿀 수 있습니다. 이 수식은 개미 수에 비례하는 개미집의 부피 변화를 나타냅니다. 개미에게만 적용되는 수식이기 때문에 야생동물에게 같은 방정식을 대입할 수는 없어요. 게다가 새는 '하늘을 나는' 복잡성이 더해지기 때문에 공기역학을 고려해서 수식을 세워야 합니다.

새끼손톱만 한 무당벌레의 생태나 행동에도 별의 구조를 나타내는 원리보다 훨씬 더 많은 물리적 원리가 담겨 있어요. 형태, 털의 밀도나 점착력, 물체와 충돌했을 때의 내구력도 수식으로 변환할 수 있고 독특한 모양도 두 가지 연립 편미분 방정식으로 나타낼 수 있죠.

개미와 조류가 '지성'을 바탕으로 사회를 이루는 것처럼 보이지만 그것은 환상입니다. 생명체의 행동은 수식으로 변환할 수 있고 인간 사회처럼 복잡하지 않다는 사실이 밝혀졌어요. 받아들이기 힘들겠지만, 생물의 행동은 물리법칙에 조종당한 결과일 뿐입니다.

개미들이 힘을 합쳐 먹이를 옮기거나 새들이 무리를 지어 하늘을 나는 행동은 누군가의 지시나 명령에 따른 것이 아닙니다. 그들에게는 특정한 리더가 없어요. 언뜻 질서 정연하게 보이는 생명체의 행동은 체내의 다양한 신호를 주고받으며 일어나는 단순한 상호작용의 결과일 뿐입니다.

다양성 너머에 있는 생명의 근원

진화생물학자 스티븐 제이 굴드Stephen Jay Gould 교수는 저서 《원더풀 라이프Wonderful Life》에서 생물의 다양성은 '우발적'인 산물이라고 주장했습니다. 물리법칙의 제한 속에서 같은 종이라도 색깔이나 모양이 다른 다양한 생명체가 태어나는 이유는 무엇일까요?

— 작은 범위에서는 확실히 다양성이 존재합니다. 예를 들어 나비의 날개 모양이나 색깔은 패턴이 무한하죠. 생명체가 진화하면서 작은 변화와 다양성이 생겨났다는 점에서는 굴드 교수의 견해가 맞다고 생각합니다.

하지만 반대로 굴드 교수는 생물이 가진 뛰어난 '공통성'을 놓치고 있어요. 선조로부터 물려받은 모양이나 태생적인 제약에 따라 눈동자 색이나 입의 크기, 손톱 모양 같은 세부적인 특징과 색깔에는 차이가 나타나지만, 거의 모든 동물은 좌우대칭으로 앞부분에 입이 있고 뒷부분에 항문이 있습니다.

생명을 속박하는 근본적인 요인은 환경 적응을 위한 물리법칙이고, 그 물리법칙에 따라서 생명체가 가진 특징을 예측할 수 있습니다. "모든 것에 규칙을 적용하는 물리학은 재미없다. 진화가 생물의 다양성을 낳은 것이다."라는 굴드 교수의 말은 잘 알려져 있습니다.

하지만 사과가 나무에서 떨어지듯이 생물이 물리법칙의 지배를 받는 것은 엄연한 사실이에요. 기본적으로 생물학은 물리법칙을 따릅니다. 물리법칙은 무한한 우주를 지배하고, 생명은 그러한 우주의 일부인 것이죠.

더욱 흥미로운 점은 매우 작은 생명체도 물리법칙의 영향을 받는다는 거예요. 물리학은 다양한 생명체의 진화 가능성을 끝없이 제한하는 압도적인 힘을 가지고 있습니다. 생명의 근원을 이해하려면 다양성과 복잡성에 사로잡혀서는 안 됩니다.

보잘것없는 정보를 모두 걷어낸 뒤편에 지극히 단순한 법칙이 숨어 있고, 그 법칙이 생명의 새로운 발견을 가능하게 합니다. 각양각색의 세부적인 부분을 연구하는 것이 흥미로울지 몰라도 저는 아니라고 말합니다. 그것은 무작위적인 돌연변이가 일으키는 변화일 뿐이니까요.

하늘을 나는 곤충에겐 날개가 있고, 물속을 헤엄치는 생물은 곡선(유선)의 형태를 띠고 있습니다. 이런 수렴진화●는 모두 '물리법칙'에 따라 발생하나요?

— 대체로 그렇습니다. 물론 수렴진화는 한 생물과 다른 생물이 상호작용하거나 환경이 변화할 때도 일어나기 때문에 모든 것이 물리법칙에 따른 현상이라고 단언할 수는 없어요. 하지만 생명체의 형태는 대부분 물리학에서 기인합니다.

그 전형적인 예는 물속에서 빠르게 헤엄치는 생물이에요. 포유류인 고래도 어류인 물고기도 수억 년 전에 존재했던 파충류 익티오사우루스도 물속을 빠르게 헤엄치도록 적응한 생물인데 모두 유선형을 띠고 있습니다. 이런 형태는 유체역학•• 그 자체입니다.

앞서 말한 것처럼 생명체의 진화는 일정한 규칙에 제약을 받기 때문에, 특정 환경에 적응하기 유리한 형태로 진화하는 수렴진화는 기적이 아닙니다. 고래의 호메오박스homeobox••• 유전자를 조사하면 육지에서 생활하다가 바다에 적응하기 위해 팔다리가 지느러미로 바뀌었다는 놀라운 사실이 밝혀질 거예요.

무한한 가능성에서 이런 대담한 해결책을 선택하는 생명

• 상어와 돌고래처럼 계통이 다른 동물이 서식 환경에 따라 닮은 형태를 보이는 진화
•• 액체와 기체의 정지, 운동 형태, 다른 물체에 미치는 힘을 연구하는 역학
••• 변이에 관여하는 호메오 유전자에서 DNA 염기쌍 180개로 이뤄진 부분

체는 그리 기이한 것이 아닙니다. 어쩌면 생존의 벽에 가로막힌 생명체에게 공통된 해결책을 찾도록 지시하는 '창조자'가 있을지도 모르죠. 그것은 불가사의한 이야기가 아니라 물리학 그 자체가 바로 '창조자'라는 뜻입니다.

수영 경기에서 금메달을 따려면 몸을 유선형으로 만들면 되겠군요.

— 물고기 같은 체형이 제일 좋겠죠. 힘이 비슷하다면 몸이 유선형인 쪽이 더 빨리 헤엄칠 수 있습니다. 물속에서 빠르게 헤엄칠 필요가 있으니까 유선형으로 만드는 것이죠. 반대로 빠르게 헤엄칠 필요가 없는 생물은 포식자로부터 달아날 때 성게처럼 위장하는 적응 방법도 있습니다.

필연을 거쳐 생겨난 개성

생물의 진화는 필연이라는 주장에 반론을 제기하자면 오스트레일리아 대륙에 서식하는 동물의 희소성을 들 수 있습니다. 오스트레일리아 대륙의 환경 조건은 다른 대륙과 크게 다르지 않은데 왜 오리너구리 같은 신기한 동물이 생겨난 걸까요?

— 오리너구리 같은 생물은 우선 기본적인 모양이 만들어지고 나서 거기에 여러 가지 형태가 더해져 특이한 겉모습이 나타난 하나의 예입니다.

이 현상은 자동차를 예로 들어 설명할 수 있어요. 자동차는 다양한 형태가 있지만, 물리적인 규칙은 똑같이 작용합니다. 모든 자동차에는 타이어가 필요하고, 타이어를 움직이는 엔진도 있어야 해요. 완전한 유선형은 아니더라도 저항을 적게 받으면서 앞으로 나아가는 형태로 만들어야 합니다.

자동차가 발명된 지 100년이 지났고 유행에 따라 가지각색으로 디자인한 자동차가 세상에 나왔지만, 기본적인 틀은 그대로이고 물리학을 기반으로 움직이고 있어요.

생물학에서도 마찬가지입니다. 물리법칙에 제한을 받는 생물 진화는 한정된 가능성 안에서 세부에 걸쳐 개성을 발휘하고 다양성을 나타냅니다. 그렇게 세부적으로 언뜻 기이해 보이는 종류의 '장식'을 걸치기도 하죠.

오리너구리는 얼굴 앞부분에 특이한 형태의 주둥이를 달고 있는데 이 역시 가능성의 범위 안에 있어요. 기본적으로 유체역학에 따른 형태 속에서 생겨난 다양성의 한 예입니다.

진화는 대부분 '물리법칙'에 지배당한다는 의미에서는 필연이지만, 생존과 관계가 적은 부분에서의 다양성은 우연이라고 정리하면 될까요?

— 중요한 핵심을 짚어주셨습니다. 생존에 큰 영향이 없다면 세부적인 특이성이 나타납니다. 공룡의 턱은 먹이를 부술 수 있는 한도 내에서 다양한 형태로 변화하죠. 다만 그러한 다양성은 중요하지 않습니다. 진화 과정에서 도태되지 않는 한 온갖 종류의 다양성은 계속 존재할 겁니다. 하지만 물속에서 빠르게 헤엄치거나 하늘을 나는 기본적인 동작은 중요합니다. 만약 물속에서 움직이는 속도가 너무 느리면 잡아먹히겠죠. 날개가 대기 중을 이동하는데 도움이 되지 않는다면 땅으로 떨어질 겁니다. 생명체는 피할 수 없는 물리학의 경계 조건을 반드시 지켜야만 생존할 수 있습니다.

코켈 박사님이 주장하는 이론은 생명의 진화가 필연인가 우연인가 하는 이분법적 사고를 해결해줄 수 있을 것 같군요.

— 그렇습니다. 둘 다 맞는 말이에요. 생명체의 핵이 되는 형태는 필연입니다. 그것은 물리학에 따라 형성되고 예측할

수 있어요. 반면 우연에 따라 생기는 세세한 부분은 예측할 수 없습니다. 생명체에 자연선택이 큰 영향을 미치지 않는다면 나비의 날개는 어떤 색으로도 변할 수 있습니다. 세부적으로는 무한한 다양성이 존재합니다.

외계생명체도 우리와 다르지 않다

6600만 년 전에 소행성이 지구에 충돌하지 않고 공룡이 멸종되지 않았더라면 공룡은 지성을 가졌을까요?

— 지성을 가졌을 수도 있지만 확실한 증거는 없습니다. 지구 생명체의 능력에 명확한 차이를 초래하는 격변이 생물의 신체나 체계에 커다란 변화를 일으킬 수 있다는 사실이 진화생물학 연구를 통해 밝혀졌습니다.

진화 과정에서 인지 능력을 높이는 데 알맞은 자연선택이 작용하면 지성을 획득할 수 있습니다. 하지만 파충류인 공룡은 1억 6500만 년이 지나도 지성을 얻지 못했던 반면, 초기 유인원이었던 인간은 1000만 년 사이에 우주선까지 만들어냈으니 놀라운 일이죠. 만약에 공룡이 지성을 획득하지 못한 채 수억 년이나 번식했다면 지성은 공룡에게 필요한 능력이 아니었을지도 모릅니다.

생명을 '에너지를 소비하며 자기 복제와 진화를 거듭하는 물질 시스템'이라고 정의한다면 진화에서 중요한 요소는 도태되지 않고 계속해서 번식하는 일일 겁니다. 번식은 한 생물이 이번 세대에서 다음 세대로 이어질지 이어지지 못할지를 결정하는 유일한 척도입니다.

게다가 생명체가 지성을 가지면 생존에 유리합니다. 두뇌를 사용해 긴 시간에 걸쳐 번식에 성공할 수 있으니까요. 더구나 지성을 가지면 생명을 존속시키는 데도 뛰어난 능력을 보이지 않을까요?

코켈 박사님은 외계 행성에 서식하는 생물의 다양성은 그 행성의 환경이 초래하는 물리법칙에 따라 결정된다고 주장하셨습니다. 그렇다고 하면 하늘을 나는 생물에는 날개가 있고, 물속을 헤엄치는 생물에는 지느러미가 있을까요?

— 행성마다 환경이나 중력은 다를지 몰라도 중력이나 대기 밀도가 생명체에 미치는 영향은 방정식에 따라 작용할 겁니다. 모든 외계 행성은 지구의 주기율표에 실려 있는

원소와 동일한 원소로 구성되어 있습니다.

우주에서 큰 비율을 차지하는 탄소는 다른 원소와 안정적으로 결합하기 때문에 모든 복잡한 분자를 만드는 데 적합한 재료입니다. 이는 양자 원리에 따라 외계생명체에도 적용될 거예요. 그러니까 어떤 외계 행성에 새가 있다면 얼마나 날개가 커야 할지 실제로 그 생물을 보지 않아도 계산해서 예측할 수 있습니다. 대기 중을 나는 힘을 유지하려면 일정한 크기의 날개가 필요하니까요.

마찬가지로 외계 행성에 물속을 헤엄치는 생물이 있다면 그 모양은 유선형일 겁니다. 그건 확신할 수 있어요. 그야말로 물리학에 따라 일어나는 수렴진화니까요. 물론 진화 방향에 차이는 있겠지만, 물리법칙에 따라 핵심부에 나타나는 단순한 공통성입니다. 외계 행성에 대양이 있다면 물과 다른 농도의 액체일지라도 움직이는 속도에 따라 얼마나 굴곡져야 하는지 알 수 있습니다. 이런 수렴진화는 물리법칙에 따라 매우 강하게 나타납니다.

앞으로 어떤 연구를 더 심도 있게 하실 예정인가요?

— 저는 극한 환경에 사는 생명체, 특히 미생물 연구에 관심

이 많은 편입니다. 생명체가 온도나 압력을 어디까지 견딜 수 있는지, 그 한계는 모든 생명체에게나 모든 서식지에서도 보편적으로 들어맞는지, 물리법칙을 어디까지 적용할 수 있을지와 같은 수수께끼를 풀고 싶습니다.

《생명의 물리학》을 출판했을 당시 반응이 어땠나요?

— 전반적으로 반응은 좋았습니다. 일부 사람들은 "생명이 물리법칙에 따르는 건 당연한데 이제 와서 그게 어쨌단 말인가."라고 했지만 그건 요점을 벗어난 지적이라고 생각합니다.

물리학과 생물학을 모두 전공한 제가 알리고자 했던 것은 인간이 오랫동안 진화의 산물을 보면서 '단순한 우연'이라거나 '역사가 만든 것'이라고 주장해온 과정들은 사실 물리법칙이 이끈 결과라는 점입니다.

우주 전체를 간단한 수식으로 나타내는 물리학과 미생물에서 진화한 다양한 생물을 연구하는 생물학은 완전히 분리된 분야가 아니라 상상 이상으로 훨씬 공통점이 많은 분야입니다.

생명체의 핵이 되는 형태는 필연입니다. 그것은 물리학에 따라 형성되고 예측할 수 있어요. 반면 우연에 따라 생기는 세세한 부분은 예측할 수 없습니다. 생명체에 자연선택이 큰 영향을 미치지 않는다면 나비의 날개는 어떤 색으로도 변할 수 있습니다.

7장

인류의 종말은 어떻게 시작되는가

인공지능과 불멸의 삶

태초 이전의 우주부터 미래의 지구까지,
천체이론물리학자가 전망하는
'포스트 휴먼' 시대의 새로운 윤리학

Martin Rees

마틴 리스

천체물리학자

영국 케임브리지대학교의 천문학 및 실험철학 석좌교수, 트리니티칼리지 학장, 영국 왕립학회 회장을 지냈다. 1993년 천문학 분야의 노벨상이라는 브루스메달을, 2001년 피터그루버재단에서 수여하는 우주론상을 받았다. 1995년에 제15대 왕립천문학자로 임명되었는데, 이 직책은 1675년 찰스 2세가 제정하여 당대에 단 한 사람만 임명되는 종신 명예직이다.

저서 《인간생존확률 50:50Our Final Hour》, 《온 더 퓨처On The Future》, 《태초 그 이전Before the Beginning》 등 우주론 및 미래학에 관한 다양한 저술과 논문을 발표했다.

● 천체물리학자가 인류의 미래를 거시적 관점으로 바라본다면 어떤 모습일까? 우리는 마틴 리스 박사를 통해 그 대답을 엿볼 수 있다. 그는 제3차 세계대전이 일어나면 몇 분 안에 전쟁이 종결될 것이라고 말한다. 유전자를 편집해 위험한 바이러스를 만들 수도 있다고 하니 적은 양의 바이러스로도 지구 규모의 끔찍한 재난을 불러일으킬 수 있다.

신종 코로나19 바이러스 이후 이제 우리는 가치 판단을 바꿔야 할 국면에 접어들었다. 마틴 리스 박사는 팬데믹이 일어나기 전부터 이미 바이러스의 위험성을 지적하고 현대 사회의 취약성에 경종을 울렸다. 그의 뛰어난 통찰력에 경의를 표할 수밖에 없다.

인공지능은 인간을 뛰어넘게 될까

인공지능은 언제쯤 인간의 능력을 뛰어넘어 인간이 하는 일을 빼앗게 될까요?

— 체스, 장기, 바둑의 세계에서는 이미 인공지능이 인간을 능가했습니다. 앞으로 인공지능에게 빼앗길 직업을 예상해보면 대량의 데이터를 관리하는 업무나 방사선사가 하는 업무일 확률이 큽니다. 인공지능은 한 번에 5만 명 이상의 엑스선 영상을 진단할 수 있으니까요.

반면에 파손된 수도관을 수리하는 배관공 로봇을 당장 개발하기는 어렵습니다. 변수가 많은 외부 환경에서 복잡한 문제를 해결해야 하는 배관공이나 정원사 같은 직종을 인공지능이 대신하려면 아직 많은 시간이 필요합니다.

인간의 손재주가 필요한 일은 그렇다고 해도 지적 능력을 요구하는 전문직은 어떤가요?

— 회계 업무나 코딩 같은 일은 인공지능이 곧 대신할 수 있겠죠. 질병 진단도 어느 정도는 할 수 있을 겁니다. 인공

지능에게 일을 빼앗긴 사람에게 다른 일을 마련해주는 것이 중요해요.

창고나 콜센터 같은 곳에서 일하는 사람도 머지않아 일자리를 잃게 되겠죠. 인공지능에게 일자리를 빼앗기는 사람이 생기더라도 수요가 많은 요양보호사나 교사를 보조하는 일자리를 마련해주면 모두에게 도움이 될 거라고 생각합니다. 로봇이 아니라 원래 인간이 마땅히 해야 할 일에 종사하면 만족감이 높아집니다.

고령자나 몸이 불편한 사람을 돌보는 로봇도 등장하고 있지만, 그런 일은 살아 있는 사람이 하는 게 좋지 않을까 생각합니다.

뇌를 데이터화하면 불멸의 삶을 산다

2003년에 쓰신 책 《인간생존확률 50:50》에서는 인간의 뇌를 데이터로 남기면 육체가 생을 마감해도 불멸의 삶을 살 수 있다는 주장이 등장합니다. 그 생각에는 변함이 없으신가요?

— 물론입니다. 더욱 많은 연구자가 관련 연구에 힘쓰고 있

습니다. 연구자들은 노화를 치료할 수 있는 병으로 여기고, 뇌를 다운로드할 수 있을 것으로 예상합니다. 하지만 여기에는 '그것이 과연 당신인가.' 하는 철학적인 질문이 남습니다.

그렇군요. 자기 동일성에 관한 문제이군요.

— 피와 살로 이어지지 않은 육체가 본질적인가 아닌가 하는 문제입니다. 우리의 인격은 신체와 외부 환경이 서로 관계를 맺으며 형성되기 때문이죠.

뇌를 다운로드할 수 있다면 과연 행복할까요? 그렇게 되면 살아 있는 신체는 필요 없어지는데 그래도 행복할까요? 뇌의 전자 복사본을 여러 개 만들 수 있다는 문제점도 있습니다.

이런 철학적인 문제들은 그런 일이 실제로 일어났을 때 실천적인 윤리 과제가 될 겁니다. 다만 그러기에는 아직 긴 시간이 필요합니다.

복제 가능한 안드로이드는 자신인가, 애초에 그것이 인간인가 하는 질문이군요.

— 미국의 미래학자이자 컴퓨터 공학자인 레이먼드 커즈와일Raymond Kurzweil은 그런 일이 현실이 되길 바라는 사람입니다. 그는 언젠가 '기술적 특이점technological singularity'●에 도달할 것이라고 생각하죠. 이미 70세가 넘은 그가 살아 있는 동안에는 실현되기 어렵겠지만요. 커즈와일은 자기 몸을 액체 질소로 얼려두고 인간이 불로장생할 수 있을 때나 뇌를 다운로드할 수 있을 때 다시 살아나길 바라고 있습니다. 하지만 제 생각에는 현실적이지 않고 현명한 방법도 아닌 것 같습니다.

실제로 미국 애리조나주에 몸을 액체 질소로 냉각시키는 회사가 있지만, 그 일을 직접 시도하는 사람은 이기적이라고 생각합니다. 만약 소생하더라도 그런 사람은 과거에서 온 '난민 같은 존재'라 자기가 살던 세상과는 너무 다른 사회에 부담을 줄 수 있기 때문이에요. 게다가 우리의 가치관과는 달리 미래 사회가 그런 사람을 보살펴줄지도 의문입니다.

● 인공지능의 지적 능력이 인류 최대의 지적 능력을 뛰어넘는 순간

앞으로 사람들은 점점 더 사생활을 침해받고 항상 감시당할 거예요. 그때 비로소 안전이 보장되니까요. 파국의 위험을 줄이려면 그럴 필요가 있습니다. 생물학 무기나 사이버 무기가 초래할 재앙이 단 한 번이라도 일어나게 된다면 매우 치명적이니까요.

소수의 인간이 불러올 파국

2019년 9월 군사 드론이 사우디아라비아의 석유 시설을 공격한 사건은 전 세계를 경악하게 했습니다. 핵폭탄이 저장된 곳이었다면 어땠을지 생각만 해도 아찔합니다.

— 군사 드론은 전쟁의 양상을 바꾸어 놓았습니다. 인공지능은 매우 빠르게 임무를 완수할 수 있습니다. 제3차 세계대전이 일어난다면 아마 몇 분 안에 끝날 겁니다.

인간이 전쟁에 참여하지 않아도 된다는 말인가요?

— 그게 문제예요. 소형 드론은 얼굴 인식 기능과 결합하면 특정 인물을 찾아내 사살할 수 있습니다. 이는 윤리적으로 커다란 문제를 일으킵니다. 저는 《온 더 퓨처》라는 책에서 유전자를 변형해 위험한 바이러스를 만드는 이른바 '기능 획득gain of function 실험'을 다루었습니다. 실제로 실현 가능하기 때문에 윤리와 안전성 측면에서 더욱 어려운 문제를 초래하는 거죠.

저는 예나 지금이나 소수의 사람일지라도 과거에는 없던

지구 규모의 참혹한 재난을 일으킬 힘이 있다는 점을 강조했습니다. 사이버 무기나 생물학 무기를 사용하면 설령 한 명일지라도 전 세계에 엄청난 재앙을 초래할 수 있으니까요. 심지어 병사도 필요 없습니다.

그런 재난을 일으키는 사람은 극단적인 사상이나 동기, 목표를 가진 사람일지도 모릅니다. 일본에서는 1995년 옴진리교의 일원이 지하철에 사린가스를 살포한 사건이 있었죠. 만약 그들이 더 강력한 기술을 가졌더라면 피해가 더욱 컸을 겁니다.

생물학 무기는 실제 전쟁에서는 별로 사용되지 않습니다. 윤리적인 이유도 있지만 생물학 무기의 파괴적인 영향을 예측할 수 없기 때문입니다. 사살할 대상을 잘못 인식해서 일반 시민을 해칠 가능성도 있습니다.

무차별적인 대량 살상이 일어날 수 있겠네요.

— 맞습니다. 적뿐만 아니라 아군까지 살해할 수 있어요. 제가 생각하는 최악의 시나리오는 '인류는 지구를 오염시킨다.' '지구를 파괴하고 있다.' '그러니 인류를 멸망시키는 편이 낫다.'라고 생각하는 극단적인 사상을 가진 사람

이 생물학 무기를 손에 넣는 일입니다. 그런 사람은 누구를 죽이든 전혀 신경 쓰지 않거든요.

또 하나, 생물학 무기나 사이버 무기는 핵무기 제조 설비처럼 눈에 띄는 시설이 필요 없다는 점에 주의해야 합니다. 핵은 국제원자력기구(International Atomic Energy Agency, IAEA)가 감시하고 있지만, 생물학 무기나 사이버 무기는 규모가 작아서 감시하기가 어렵습니다. 아무리 규제를 마련해도 전 세계의 조세법이나 마약법처럼 실제로 규제를 시행하기도 힘듭니다. 그래서 저는 이 문제를 비관적으로 보고 있습니다.

그런 위험을 최소화하려 하면 다음 세 가지 요소 사이에서 긴장이 커집니다. 먼저 사생활 보호, 다음으로 안전, 그다음은 자유입니다. 앞으로 사람들은 점점 더 사생활을 침해받고 항상 감시당할 거예요. 그때 비로소 안전이 보장됩니다. 파국의 위험을 줄이려면 그럴 필요가 있습니다. 생물학 무기나 사이버 무기가 초래할 재앙이 단 한 번이라도 일어나게 된다면 매우 치명적이니까요.

감시 사회의 균형

개인이나 소수 집단이 일으킬 반사회적 행동을 미리 방지하려면 '감시' 밖에 방법이 없을까요?

— 사회에 불만을 품고 반사회적 행동을 일으킬 만한 계층을 줄이는 일은 정치가 해야 할 역할이고 중요한 목표 중 하나입니다. 각계각층의 욕구와 바람을 충족시켜 정부에 극단적인 반감을 품는 사람이 많지 않도록 해야겠죠. 하지만 현실적으로는 힘든 일이니까 반사회적 행동에 대처하면서도 그런 사람들과 공존할 수밖에 없을 것입니다.

영국은 온 사방에 감시 카메라가 설치되어 있잖아요.

— 그렇긴 하지만 지금은 중국에 따라잡혔어요. 신기하게도 사람들은 대부분 감시 카메라를 별로 신경 쓰지 않습니다. 프라이버시보다 안전이나 보안을 더 중요시하는 것 같습니다.

전 세계적으로 감시 카메라가 점점 늘어나는 추세입니다. 덕분에 경찰

은 예전보다 빠르게 범인을 체포할 수 있게 되었고요. 영국의 감시체계는 스파이를 감시하나요? 아니면 자국민을 감시하나요?

— 스파이를 감시하지는 않을 거예요. 감시 카메라가 있으면 사람들이 안심하기 때문에 설치하는 것이죠. 위협을 당했을 때 기록이 남아 범죄를 막는 역할도 하니까요.

감시 사회가 당연시되고 있다는 말인가요?

— 그렇습니다. 감시 카메라 말고도 인터넷 회사 역시 개인 정보를 수집하고 있어요. 누가 어떤 홈페이지에 접속해서 무엇을 구매했는지와 같은 정보 말입니다.
중국 정부는 막대한 양의 개인 정보를 수집하고 있고 모든 매장의 재고, 사람들의 수요나 기호를 파악하고 있기 때문에 효율 높은 계획 경제를 추진할 수 있습니다. 이는 구소련이 꿈꾸던 사회인데 당시에는 그런 정보를 수집할 기술이 없었기 때문에 성공하지 못했죠.

중국은 경제적 풍요와 모순되게도 공산당 정권이 통치하는 감시 사회입니다. 결국 디스토피아(어두운 미래상)일까요?

— 그렇긴 하지만 그런 면을 비판하기 전에 감시가 없으면 테러리스트가 언제 폭탄을 투하할지 항상 위협을 느껴야 한다는 점을 생각해봐야 합니다. 그것 또한 디스토피아라는 것이죠. 극히 소수의 사람이 엄청난 재앙을 일으킬 수 있는 새로운 현실을 생각하면 아무래도 지금까지 고수했던 가치관을 바꾸어야 합니다. 감시는 적어도 재앙이 일어날 가능성을 줄여주니까요.

'포스트 휴먼'에게도 감정이 있을까

중국의 연구자가 세계 최초로 맞춤 아기를 만들었다고 주장했습니다. 그런 연구는 규제해야 할까요?

— 규제는 해야겠지만 특정 질환에 걸리지 않기 위해 유전자를 수정하는 유전자 편집은 유용합니다. 예를 들어 헌팅턴병은 인지력 저하나 정동장애 같은 증상이 나타나는 유전병인데 원인 유전자가 정해져 있어요. 해당 유전자를 유전자 편집으로 제거하면 치료할 수 있습니다.
하지만 맞춤 아기는 우선 어떤 유전자의 조합이 키나 지능에 관여하는지부터 밝혀내야 합니다. 인공지능을 이용해 수백만 개의 유전자를 분석하고, 각각의 특징에 관여하는 유전체를 합성해야 하죠.

미래에 이런 일이 가능하더라도 윤리적인 문제가 남습니다. 반대론 중 하나는 부유층만 이용 가능하다는 점이에요. 부유층만 유전자 구성을 인공적으로 바꿀 수 있게 된다면 보다 근본적인 양극화로 이어지겠죠.

다른 문제는 부모가 자식이 럭비 선수가 되길 바라서 필요한 유전자를 편집했다고 해도 아이가 "저는 피아니스트가 되고 싶어요."라고 말한다면 불행해질 거라는 겁니다. 아이가 무엇을 하고 싶어 할지 부모가 예상할 수는 없죠.

어느 쪽이든 유전자 편집은 인류가 새로운 단계에 접어들었다는 조짐을 느끼게 합니다.

— 저는 금세기 말이 되면 사람들이 화성으로 이주할 가능성이 크다고 생각합니다. 지구의 규제를 벗어나 화성에서 맞춤 아기를 만들어낼지도 모르고, 지구와는 다른 중력과 기압을 가진 화성에 적응하기 위해 유전자 편집뿐

만 아니라 기계와 합쳐진 사이보그 기술을 사용할지도 모르죠. 한두 세기가 지나면 인류와는 다른 새로운 종이 화성에 출현할지도 모릅니다.

그 새로운 종을 저는 '포스트 휴먼'이라고 부릅니다. 원래 진화는 수십만 년에 걸쳐 일어나지만, 이 새로운 종에 만약 지적 설계intelligent design•가 갖추어져 있다면 기술 변화와 비슷한 속도로 인간을 진화시킬 거라고 예상할 수 있어요. 정말 대변혁을 초래할 수도 있습니다.

'포스트 휴먼'에게 인간과 같은 '감정'이 있을까요?

— 인간의 본성과 감정은 최근 1만 년 동안 변하지 않았어요. 그래서 고대 그리스인이나 로마인, 고대 작가가 쓴 고전은 지금 읽어도 감동적입니다. 그들도 우리와 같은 인간이기 때문에 현 시대를 살아가는 우리도 옛날 사람들의 감정에 깊이 공감할 수 있어요. 인간이 가진 본성과 두뇌도 고대와 달라지지 않았다는 뜻입니다.

하지만 지구에 대변혁이 일어나고 앞으로 500년이 지나

• 인간을 초월한 지성이 설계한 생명 또는 우주의 정교한 시스템

지금과 다른 인류가 나타난다면 그들은 우리의 문자도 감성도 이해하기 어려울지 모릅니다. 인간의 본질이 변한다면 포스트 휴먼은 우리를 다른 종의 동물로 여길지도 모르죠.

과학 기술의 오용과 종말

과학 기술의 오용으로 인류가 멸망할 가능성에 대해 어떻게 생각하시나요? 예전보다 더욱 가능성이 커졌을까요?

— 우리를 완전히 파멸시킬 만한 위협은 없다고 생각해요. 하지만 역사상 세계 일부 지역에서 문명이 파괴된 적이 여러 번 있었기 때문에 지금처럼 유례없을 만큼 세계가 서로 가까운 상황에서는 새로운 과학 기술의 오용이 세계적인 종말을 몰고 올 가능성이 크다고 봅니다. 재앙이 세계 규모로 크게 일어난다면 한 지역의 재난으로 그치지는 않을 거예요.

또 다른 걱정은 사회 질서의 붕괴입니다. 팬데믹이 일어나면 법을 무시하고 부유한 사람들만 치료를 받을지도 모릅니다.• 그리고 해커가 나쁜 마음을 먹고 도쿄나 런던, 미국 동해안에 있는 전력망을 끊으면 며칠 만에 혼돈이 일어날 수 있습니다. 정전으로 고층 빌딩의 엘리베이터가 멈출 뿐만 아니라 컴퓨터와 관련된 모든 시스템이 정지되겠죠. 따라서 지금은 사상자 수와 관계없이 세계 질서의 붕괴 위험이 더욱 큽니다.

미래에 어떤 참사가 일어날지 예측할 수 없군요. 그런 의미에서 현대인은 항상 커다란 불안을 안고 살아간다고 볼 수 있겠네요.

— 14세기 유럽에서 흑사병이 크게 유행했을 때는 여러 마을에서 절반이 넘는 인구가 목숨을 잃었는데 현대 사회는 훨씬 취약합니다. 금세기는 평탄치 않은 여정이 될 거예요. 재앙은 단 한 번만으로도 충격이 너무 크기 때문에 사태가 심각합니다.

• 인터뷰는 코로나19로 인한 팬데믹이 발생하기 이전에 이루어졌다.

저는 금세기 말이 되면 사람들이 화성으로 이주할 가능성이 크다고 생각합니다. 지구의 규제를 벗어나 화성에서 맞춤 아기를 만들어낼지도 모르고, 지구와는 다른 화성에 적응하기 위해 사이보그 기술을 사용할지도 모르죠. 한두 세기가 지나면 인류와는 다른 새로운 종이 출현할지도 모릅니다. 저는 그 새로운 종을 '포스트 휴먼'이라고 부릅니다.

8장

인간은 진화를 선택할 수 있는가

자연선택과 인공적인 진화

과학과 철학의 경계를 넘어

진화의 과정을 실험으로 증명하는 생물학자에게

생명의 미래를 묻다

Jonathan B. Losos

조너선 B. 로소스

생물학자

워싱턴대학교 세인트루이스캠퍼스 생물학 교수이자 생물다양성 센터인 '살아 있는 지구 조합Living Earth Collaborative' 이사다. 미국 과학진흥협회, 예술과학아카데미, 과학아카데미 정회원이다. 1991년 도브잔스키상, 2009년 에드워드 O. 윌슨 자연학상, 2019년 시월 라이트상 등을 받았다.

생물학자이자 파충류학자로 도마뱀의 행동 및 진화생태학, 야생종의 도시 서식지에 관한 진화적 적응을 주로 연구하고 있다. 이를 통해 도마뱀이 환경과 상호작용하는 방식과 도마뱀 분기군이 진화적으로 어떻게 다양화되었는지를 밝혔다.

저서 《불가능한 운명Improbable Destinies》 등을 비롯해 《네이처》와 《사이언스》 등 세계적인 과학 저널에 다양한 논문을 게재하고 있다.

● 조너선 로소스 박사의 연구실에 들어가면 제일 먼저 귀여운 오리너구리 인형이 눈에 띈다. 그 인형을 본 순간 그가 이 책에 나오는 석학 중 진화와 가장 밀접한 연구를 하는 연구자라는 사실을 눈치챌 수 있었다. 로소스 박사의 가장 놀라운 성과는 뭐니 뭐니 해도 도마뱀 실험이다. 과학 연구에서 실험은 황금률이지만 진화를 실제로 실험할 수 있으리라고는 꿈에도 생각하지 못했기 때문이다.

코끼리나 돌고래, 문어 등 지능이 높은 종은 여럿 존재하지만, 인간만큼 지성을 갖춘 생물은 없다. 하지만 로소스 박사는 1억 년 후에는 코끼리가 인간에 필적할 만한 지능을 갖출 가능성이 있다고 이야기한다. 로소스 박사의 진화 이야기에 귀를 기울여보길 바란다.

돌연변이는 무작위로 일어난다

박사님께서 실험으로 진화 과정을 증명하려 했다는 점에 놀랐습니다. 그런 방법이 있으리라고는 생각하지도 못했거든요.

— 최근에 그런 시도가 진화생물학에서 일어나고 있는데, 가장 가슴 벅찬 진전 중 하나라고 생각합니다. 자연선택설을 주장한 찰스 다윈은 진화는 빙하가 얼듯이 천천히 진행된다고 말했습니다. 그의 이론은 데이터에 근거한 것이 아니라 직감에 가까웠죠. 우리 인간은 다윈의 주장을 한 세기가 넘도록 추종해왔고, 진화가 일어나는 과정을 실험으로 증명하는 일은 불가능하다고 생각해왔습니다.

하지만 지금은 상황에 따라 진화가 매우 빠르게 진행된다는 사실이 밝혀졌습니다. 해충이 살충제 내성을 키우거나 박테리아가 약물 내성을 얻어 적응하듯이 우리 주변에서도 진화가 빠르게 일어나는 상황을 목격할 수 있습니다. 이런 현상은 진화 과정을 실제로 실험해볼 수 있다는 사실을 의미합니다.

이런 인공적인 실험이 연구실에서는 수십 년 동안 이루어졌지만, 자연계에서는 카리브해 트리니다드섬에 서식하는 구피guppy를 대상으로 1980년대에 처음 이루어졌어요. 연구자들은 대부분 자연계에서 동일한 실험이 가능하리라고 생각하지 않았기 때문에 15년 뒤에 우리가 도마뱀 진화 실험을 발표하기 전까지 누구도 이런 실험을 논문으로 발표하지 않았습니다. 현재 이런 연구는 걸음마 단계라 그만큼 숫자도 적지만 앞으로 더 늘어날 것입니다.

자연계에서 진화 실험을 하지 않았다면 그동안 생각한 것보다 진화가 빨리 일어난다는 사실을 증명하지 못했을까요?

— 그 질문에는 두 가지 관점으로 대답할 수 있어요. 먼저 빠르게 일어나는 진화 실험은 필요하지 않습니다. 이미 많은 연구자가 심층 연구를 통해서 빠르게 일어나는 진화를 발견했습니다.
하지만 진화 실험이 유용한 이유는 진화가 어떻게 일어나는지, 특히 자연선택이 어떻게 적응 변화를 일으키는지에 대한 이론을 검증할 수 있기 때문입니다. 아시다시피 실험은 과학 연구에서 황금률이라고 할 만큼 중요한데, 진화 실험도 마찬가지예요.

진화의 전제가 되는 유전자 돌연변이는 우연히 일어나는 건가요?

— '우연'이 무엇을 뜻하느냐에 따라 다릅니다. 진짜 자연발생적으로 일어나는 돌연변이가 있는가 하면 환경 속에서 방사선이나 화학물질 때문에 일어나는 돌연변이도 있어요. 진화와 자연선택에서는 '돌연변이는 필요할 때 일어나지 않는다.'라는 점이 중요합니다. 돌연변이를 일으키는 요소가 있더라도 그것이 이로운지 아닌지와는 상관없이 무작위로 일어나니까요.

예를 들어 추운 환경에 놓였다고 해서 추위에 적응하기 위해 돌연변이가 일어나지는 않습니다. 환경의 관점에서 돌연변이가 무작위로 일어난다는 사실은 진화생물학에서 중요한 대전제입니다.

거듭 말하지만, 진화의 과정에서는 인간의 탄생이 가장 흥미롭습니다. 우리는 다른 포유류에게는 없는 높은 '지성'을 가지고 있어요. 그런데 다른 포유류나 고대의 공룡은 왜 사람과 같은 지성을 얻지 못했을까요?

— 매우 좋은 질문이군요. 인간의 지성은 틀림없이 자연선택을 통해 진화한 것입니다. 똑똑한 개체가 자연선택으로

살아남는 상황은 쉽게 상상할 수 있습니다. 능숙하게 먹을 것을 채집하거나 포식자를 피하는 데는 높은 지성이 유리할 거예요.

실제로 보면 일반적으로 동물은 오랜 세월에 걸쳐 뇌를 크게 진화시켜왔습니다. 이는 자연선택으로 높은 지성을 획득했다는 가설에 부합합니다. 다만 왜 인간의 지성만이 고도로 발달했는가 하는 의문이 남습니다. 원숭이나 다른 포유류는 왜 더 높은 지성을 얻지 못했을까? 그것은 매우 어려운 질문입니다. 특정 형질이 '왜 진화했는가'도 어려운 문제지만, 반대로 '왜 진화하지 않았는가'는 그보다 더 어려운 문제입니다.

어찌 보면 철학적인 질문이라고 할 수 있겠네요.

— 맞습니다. 일정 수준을 넘으면 과학과 철학의 경계는 모호해집니다. 진화생물학은 과거에 일어난 일을 밝히는 학문이에요. 그런 점이 매력적이기도 하고 때로는 답답하기도 합니다. 과거로 돌아가 무슨 일이 있었는지 직접 관찰할 수도 없고, 타임머신은 아직 발명되지 않았죠.

게다가 중요한 의문을 직접 검증하는 실험 장치를 만들

수도 없습니다. 인간의 지성이 어떻게 진화했는지를 실험으로 증명하려면 영장류 집단을 익숙한 진화 환경에 두고 수백 년을 기다리는 수밖에 없습니다. 그런 어려운 점 때문에 도마뱀이나 초파리로 실험을 하는 거예요. 이상적인 환경에서 정말 해보고 싶은 실험은 현실에서 시도하기가 어렵습니다.

정말 피할 수 없는 딜레마군요.

— 물리학이나 화학 분야에서는 제1원리•로부터 자연의 여러 기초 정보를 도출할 수 있습니다. 예로부터 과학자 하면 칠판에 빽빽하게 문제와 풀이 과정을 적어서 답을 내는 모습을 떠올리는데 그 이미지와 딱 들어맞죠. 하지만 진화는 다양한 형태로 일어납니다. 각 계통이 걸어온 역사의 흐름에 크게 좌우되고 각자 적응하는 방식도 달라요. 따라서 제1원리로부터 오리너구리의 진화를 도출할 수는 없습니다. 세세한 부분을 이해해야만 하니까요.

그런 이유로 진화는 보편적인 질문에 답하거나 주먹구구

• 유사성이나 경험적 매개변수를 일절 포함하지 않는 가장 근본적인 기본 법칙

식으로 일반화하기가 힘이 듭니다. 어째서 오리너구리가 그런 모습으로 진화했는지, 왜 북아메리카도 일본도 아닌 호주에서 진화했는지, 그런 의문을 해결하는 일은 매우 매력적이기는 하나 무척 성가시고 어렵습니다.

오리너구리에게 물어볼 수도 없으니까요.

— 정말 가르쳐주면 좋겠는데 말이죠. 아니면 타임머신을 타고 그 시대로 돌아가서 진화 과정을 연구하거나 행성 규모로 실험을 할 수 있다면 재밌을 텐데요. 하지만 당분간은 어렵겠죠.

공룡의 뇌는 인간의 뇌와 비슷했다?

인간 이외의 생물도 생각보다 지능이 높다고 박사님 책에 쓰여 있더군요.

— 코끼리나 돌고래, 문어처럼 지능이 높은 종이 있습니다. 까마귀가 상당히 똑똑하다는 것은 잘 알려져 있죠. 지금

예로 든 종을 살펴보면 눈에 띄는 점이 있습니다. 사람은 문어를 제외한 다른 동물과 달리 손이 있어요. 아마도 물건을 능숙하게 다루는 능력이 두뇌를 더 크게 만들고 우리를 더욱 영리하게 만들었는지도 모릅니다. 코끼리가 사람보다 지능이 낮은 것도 그런 이유 때문일지 모르죠. 지금 하는 말은 추측에 불과하지만요.

가령 1억 년 뒤에는 코끼리가 더 똑똑하게 진화해서 우리의 지능과 맞먹을지도 모릅니다. 그럴 가능성은 충분히 존재하니까요. 제 책에도 썼듯이 공룡이 진화해서 뛰어난 두뇌를 가졌을 거라는 이야기는 추측일 뿐이지만 가슴을 뛰게 합니다.

지성은 진화한다는 말이군요.

— 가장 큰 뇌를 가진 공룡은 공룡 시대의 제일 마지막 시기에 등장했어요. 이 사실은 뇌가 시간이 흐를수록 커진다는 주장을 뒷받침합니다. 영화 〈쥬라기 공원〉에 나오는 벨로키랍토르Velociraptor와 닮은 공룡인 트로오돈Troodon이 바로 그 공룡이에요. 몸집에 비해 큰 두뇌, 벨로키랍토르처럼 물체를 꽉 쥘 수 있는 앞다리와 정면을 향한 큰

눈이 있고 이족 보행을 했죠. 어떻게 보면 인간과 닮았습니다.

한 고생물학자는 자연선택으로 큰 뇌를 가진 공룡이 생존에 유리해졌다는 가정하에 시간이 지남에 따라 신체의 해부학적 구조가 어떻게 변화하는지를 분석했습니다. 그는 일차적으로 이족 보행을 하면서 꼬리가 사라지고, 앞발은 물체를 더욱 쉽게 쥘 수 있는 형태로 변한다고 주장했습니다. 즉 우리 인간과 닮아간다는 것이죠. 공룡이 6600만 년 전에 소행성 충돌로 멸종하지 않았더라면 인간과 매우 닮은 모습으로 진화했을 거라고 했습니다.

그 주장은 추측에 불과하다며 여러 방면에서 비판을 받았습니다. 하지만 공룡이 살아남았다는 전제하에 인간의 뇌와 비슷한 크기로 진화하지 못할 이론적 이유는 없습니다. 만약 지금까지 살아 있다면 우리와 비슷한 지능을 가진 생물로 진화했을지도 모릅니다.

미래의 진화는 인간의 영향을 받는다

현재 유전자 편집은 전 세계에서 화제가 되고 있습니다. 특정 유전자를

교정해서 특정 성질을 가진 맞춤 아기를 만들 수도 있고요. 진화의 관점에서 보면 이것은 인공적인 진화라고 할 수 있을까요?

— 그렇게 말할 수 있겠네요. 윤리적인 문제를 제외하면 새로운 유전자 편집 기술은 종의 진화 과정에 분명히 영향을 미칠 수 있습니다. 인간에게도 그럴 가능성이 있어요. 종의 유전자 풀●에 새로운 유전자를 도입할 수 있을 뿐 아니라 새로운 유전자를 개체 전체에 퍼지게 하는 방법도 있습니다.
실제로 모기가 말라리아를 옮기지 못하도록 유전자 편집을 시도하고 있어요. 그 시도가 성공할지는 확신할 수 없지만, 인간이 시도한 유전자 편집 때문에 모기라는 종은 진화적인 변화를 겪겠죠. 미래에 일어날 수많은 진화는 인간의 행위에 영향을 받을지도 모릅니다.

예를 들어 유전자 편집으로 지능이 높고 운동 능력이 뛰어난 아이를 낳을 수 있다면 머지않아 세상은 그런 완벽한 사람들로 넘쳐날지도 모르겠군요.

● 서로 번식 가능한 개체로 구성된 집단이 가진 유전자의 총체

— 예전에는 SF 영화에서나 일어나는 일이라고 생각했지만, 지금은 현실성이 있어 보입니다. SF 영화의 결말이 대부분 비참하듯이 윤리학자들은 맞춤 아기를 부정적으로 보고 있습니다.
하지만 한 걸음 물러나 맞춤 아기는 잠시 잊어버립시다. 유전자 편집은 현재 유전병을 치료할 가능성을 보여주고 있어요. 유전적인 문제를 고칠 수 있다면 많은 고통과 불필요한 죽음을 줄일 수 있으니 긍정적으로 봅니다. 다만 문제는 유전병 치료와 맞춤 아기 탄생이 동전의 양면과 같다는 겁니다.

설령 키가 크고 똑똑하고 잘생긴 맞춤 아기를 만드는 데 성공하더라도 조현병과 같은 부작용이 나타날 수도 있잖아요.

— 그게 바로 예상치 못한 결과입니다. 유전학 분야에서 알려진 바로는, 예를 들면 검은 머리카락의 원인 유전자가 한 가지 작용만 하는 것은 아니라고 합니다. 흑발을 가진 인간을 만들기 위해 특정 유전자를 편집하면 여러 가지 다른 결과를 초래하게 됩니다. 개중에는 원치 않는 형질도 있겠죠. 조현병이 생길지도 모르고요. 따라서 유전자

편집 실험은 이런 이유만으로도 매우 신중하게 이루어져야 합니다. 유전자 편집 기술은 처음에 생각했던 것만큼 완벽하지 않고 여러 가지 문제가 나타날 수 있습니다.

사람을 대상을 하는 실험은 실패가 용인되지 않으니까요.

— 그렇죠. 보통 사람들은 인간에게 그런 실험을 해서는 안 된다고 생각해요. 앞에서 말한 유전병 치료도 신중하게 다루어야 합니다. 일단 유전자 편집으로 인간을 만들고 나면 다시는 돌이킬 수 없으니까요.

자연 진화가 반격할 가능성은 없나요?

— 가능성은 충분합니다. 영화 〈쥬라기 공원〉의 등장인물 이안 말콤의 대사를 인용해볼게요. "자연은 반드시 다른 길을 발견한다Life finds a way." 그러니 앞에서 설명한 것처럼 모기의 유전자를 편집해서 말라리아를 옮기지 못하게 막으려 해도 쉽지 않을 거예요. 자연선택은 그것을 피하는 새로운 방법을 찾아낼 테니까요.

진화는 같은 궤적을 그리지 않는다

지구가 아닌 다른 행성에서도 생물의 진화는 일어날까요?

— 외계생명체가 존재한다고 단정할 수는 없어요. 아직 발견하지 못했으니까요. 다만 최근 10년~20년 사이에 수억 개의 행성이 있다는 새로운 사실이 밝혀졌어요. 크기, 온도, 대기 조성이라는 조건에서 보면 우주에는 지구와 닮은 행성이 무수히 존재합니다.
지구와 닮은 행성이 이렇게 많다면 몇몇 행성에 생명이 태어나도 이상하지 않죠. 그렇다면 다른 행성에 사는 생명은 지구 생명체와 닮았는가 하는 의문이 생깁니다.

박사님께서 외계생명체는 지구 생명체와 '다르다'라고 설명하시는 이유가 무엇인가요?

— 지구와 닮은 행성이 있다면 생명도 매우 비슷한 방식으로 진화했을 거라고 합니다. 이건 꽃이야, 이건 벌레야, 하는 것처럼요. 사람과 똑 닮아서 머리가 아주 좋은 생명체가 있어도 이상하지 않다고 말이죠.

이런 주장은 '수렴진화'를 근거로 합니다. 실제로 지구에 사는 종을 보아도 같은 환경에 놓여 비슷하게 적응하고 진화하는 일은 자주 있어요.

실제로 환경에 적응하는 방법은 한정적이기 때문에 자연 선택은 지구상에서 비슷한 해결책을 계속해서 찾아내는 것이죠. 이러한 이론을 다른 행성에도 대입해서 지구와 환경이 비슷하다면 같은 방식으로 적응할 거라고 주장하는 겁니다.

즉 진화는 환경에 따라 비슷한 방향으로 진행된다는 말이군요.

— 아마도 일정 수준에서는 이러한 주장이 진실이겠죠. 예를 들면 조류나 박쥐, 프테로닥틸루스Pterodactylus•는 날개를 이용해 하늘을 날았어요. 지구와 대기 구성이 비슷한 행성에 사는 생물은 날개를 가진 구조로 진화했을 거라고 주장합니다.

마찬가지로 돌고래나 상어, 다랑어같이 빠르게 움직이는 바다 생물은 유선형 몸체에 추진력을 내는 꼬리를 가지

• 약 1억 5000만 년 전에 살았던 날개 달린 공룡

고 있어요. 물속에서는 이런 모양이어야 가장 효과적으로 빠르게 전진할 수 있습니다. 지구의 물과 비슷한 액체가 있는 행성에서 빠르게 전진하도록 선택된 종은 비슷한 체형을 하고 있을 거라고 볼 수 있죠. 이런 주장에는 어느 정도 타당성이 있습니다.

하지만 저는 지구에서 일어난 많은 진화가 비슷한 형태로 반복하지 않는다는 사실에도 주목하고 있어요. 지구에서 한 번밖에 진화하지 않은 여러 종을 생각해보세요. 예를 들어 집오리의 부리 모양을 한 오리너구리가 그렇습니다. 호주의 차가운 개울에서 서식하는 데 적응한 동물이죠. 오리너구리에게는 다양한 특징이 있는데 물갈퀴가 있는 발과 힘차게 흔드는 꼬리가 있어서 매우 빠르게 헤엄칠 수 있죠. 차가운 물에 적응하기 위해 털가죽이 매우 두꺼워요. 가장 주목할 만한 특징은 물속에서 헤엄치며 먹이를 찾을 때 감지 기관인 눈도 코도 귀도 모두 닫고 움직인다는 점이에요.

오리너구리는 부리에 달린 전기 수용체를 이용해서 먹이를 감지합니다. 이 수용체는 물의 흐름만 감지하지 않습니다. 가까이에서 헤엄치는 물고기가 미세하게 방출하는 전기를 감지하는 겁니다. 가재가 근육을 움직이면 미세한 전기가 방출되는데, 오리너구리는 뛰어난 감지 능력을 발휘해 가재를 사냥할 수 있어요.

오리너구리는 차가운 개울에서 서식하는 데 순조롭게 적응한 동물입니다. 그런데 왜 호주에서만 진화한 걸까요? 비슷한 환경은 전 세계 어디에나 있습니다. 만약 이러한 특징이 뛰어난 적응력의 결과이고, 동일한 진화가 반복될 운명이라면 오리너구리 같은 생물이 전 세계 어디에나 있어도 이상하지 않습니다.

하지만 실제로는 없습니다. 코끼리나 기린 같은 생물도 마찬가지예요. 여기서 중요한 사실은 환경에 적응하는 방법은 수없이 많다는 겁니다. 같은 환경에서도 종에 따라 적응하는 방법이 매우 달라집니다.

자연선택이 환경에 적응하는 형태로 일어난다는 의미에서 진화는 필연이지만, 무작위로 일어난다는 의미에서는 우연이라고 할 수 있겠네요.

— 한 가지 더 예를 들면 뉴질랜드에 사는 새는 지각 변동으로 인해 8000만 년 전에 호주에서 서식지를 옮겼습니다. 그 결과 뉴질랜드에 서식하고 있는 종은 다른 지역에 사는 종과 크게 다르고, 특히 예전부터 살던 육상 포유류

는 존재하지 않게 되었습니다. 포유류 대신 여러 종의 조류가 서식하고 있죠.

예를 들면 날개 없는 새로 유명한 키위는 고슴도치나 오소리와 비슷한 생태를 보이고 땅속에 있는 곤충을 찾아냅니다. 키위는 분명 새인데 뉴질랜드 말고는 어디에서도 닮은 새를 찾아볼 수 없어요. 앞에서 주장했듯이 만약 진화가 '결정론'적이라면 결국 지구의 다른 지역에도 비슷한 새가 있어야겠죠. 하지만 실제로는 그렇지 않습니다.

확실히 이상하군요.

— 제가 말하고 싶은 것은 지구에서 일어나는 진화는 제한이 크지 않다는 점입니다. 뉴질랜드에 사는 동물의 형태는 세계의 다른 어떤 지역에서도 찾아볼 수 없어요. 하물며 다른 행성이라면 더욱 많은 점이 다르겠죠. 지구와 닮은 행성이라고 해도 진화가 같은 궤적을 그릴 일은 없어요. 새처럼 하늘을 나는 생물이 있을지는 몰라도 대부분 전혀 다른 생명체로 진화할 것이라고 추측합니다.

환경이 변하면 종도 변한다

현대에 와서 자연재해가 더 심해지고 있습니다. 전 세계에 잇따르는 대지진이나 태풍 피해는 기후변화와 관련 있다고 생각할 수밖에 없어요. 기후변화는 생물의 다양성에 어떤 영향을 미칠까요.

— 환경이 변하면 종도 변화에 적응하게 되겠죠. 지구온난화는 그런 명백한 사례입니다. 지구가 온난화될수록 종은 따뜻한 지역에 적응하기 위해 자연선택의 압력을 받습니다. 여러 가지 방법을 떠올릴 수 있는데, 생리 기능을 바꾸어 더 높은 온도에서 생존하는 종이 있는가 하면, 하루 중 온도가 낮은 시간에 활발하게 움직이는 종도 있어요.

다만 두 가지 문제가 있습니다. 하나는 이런 변화가 매우 빠르게 일어나기 때문에 종이 적응하기도 전에 멸종해버릴 수도 있다는 점이에요. 다른 하나는 인간 자체가 적응을 어렵게 만든다는 점이죠. 지금까지 인간은 여러 가지 이유로 종을 멸종시켜왔기 때문에 전체 종의 개체 수가 매우 적어졌습니다. 이런 소수 집단은 변화에 필요한 유전물질이 적기 때문에 돌연변이 같은 유전적 변이를 하지 못할 가능성이 있어요.

종이 환경 변화에 적응하는 또 한 가지 방법은 이동입니다. 지금처럼 온도가 상승하면 북쪽으로 이동하거나 고도가 높은 지역으로 이동하는 종도 있어요. 하지만 지금은 인간이 고속도로와 농지, 도시를 만들었기 때문에 이동에 방해가 됩니다. 따라서 서식지를 옮기는 일은 선택지 안에 들어가지 않을지도 모릅니다. 과거와 비교하면 현대에 생존하는 종은 환경에 적응하기가 어려워졌다고 할 수 있습니다.

지구에서 가장 생물학적 다양성이 풍부한 지역은 어디인가요? 아마존 열대 우림인가요?

— 도마뱀만 본다면 다양성이 풍부한 곳은 사막이에요. 하지만 총체적으로 보면 아마존이나 콩고, 인도네시아 같은 적도 주변의 열대 우림이 세계적으로 가장 생물학적 다양성이 풍부한 지역입니다. 하지만 그런 지역도 기후변화나 여러 가지 면에서 위협을 당하고 있습니다. 브라질처럼 나무를 베는 일도 위협적입니다. 거기에 화재까지 겹치면 엎친 데 덮친 격이 되는 거죠.

박사님은 다양한 종을 관찰하기 위해 지구의 온갖 지역을 돌아다니셨겠군요.

— 모든 지역은 아니지만, 꽤 많은 지역에 다녀왔어요. 그렇게 돌아다니면서 온난한 지역에서는 도마뱀이 연구 대상으로 매우 적합한 생물이라는 점을 알게 되었죠. 도마뱀은 공룡과 비슷하게 진화했어요.

2억 4000만 년 전의 일이지만 도마뱀은 훌륭하게 살아남았고 믿을 수 없을 만큼 다양성이 풍부합니다. 세계에는 약 1만여 종의 도마뱀이 서식하고 있는데, 종의 수는 포유동물보다도 많아요. 이 숫자에는 뱀도 포함됩니다. 뱀은 다리를 퇴화시키는 방향으로 진화한 도마뱀이기 때문이에요.

도마뱀을 진화론의 관점에서 보면 위대한 성공자라고 할 수 있어요. 도마뱀은 따듯한 곳을 좋아하고 대부분 전 세계의 열대 지역에서 서식하는데, 서식지에서 가장 다양성이 풍부합니다. 개중에는 북극권에 서식하는 도마뱀도 있어요. 전 세계의 온대 지방에 가보고 싶다면 도마뱀을 연구 대상으로 선택하는 것이 좋겠죠.

지구에서 일어나는 진화는 제한이 크지 않습니다. 뉴질랜드에 사는 동물의 형태는 세계의 어느 지역에서도 찾아볼 수 없어요. 다른 행성이라면 더욱 많은 점이 다르겠죠. 지구와 닮은 행성이라고 해도 진화는 같은 궤적을 그리지 않을 것입니다.

진화, 과학의 영역을 넘어서

'인간은 왜 지금의 인간이 되었을까?' 이 사소한 의문이 예전부터 머릿속을 떠나지 않았다. 그만큼 오랫동안 '진화론'에 관심을 쏟아왔다. 진화와 관련된 의문에 부분적인 '정답'은 찾았을지 몰라도 사람보다 높은 지성을 갖춘 종이 나오지 않는 한 정확한 답을 찾기는 힘들 것이다.

프롤로그에서도 언급했듯이 '진화생물학'이라는 전문 분야가 있지만 애초에 전문 분야는 편의상 인위적으로 만든 것이다. 특히 인류의 진화는 아주 오랜 시간에 걸쳐 일어났기 때문에 분야를 막론하고 연구가 이루어질 수밖에 없다. 영어로 'eons ago'라는 표현이 있는데 이 말은 '매우 오래전'이라고 번역해도 의미를 온전히 전달할 수 없을 만큼 먼 옛날을 뜻한다. '이언eon'이라는 단어는 지질학적 시대를 구분하는 가장 큰 단위로 여기서 말하는 '긴 시간'에 어울리는 말이다.

팬데믹의 혼란에 휩싸인 이래로 '과학적 근거에 따라'라는 말이 자주 쓰이는데 이 말은 언뜻 '냉정한 판단을 바탕으로'라는 식으로 들린다. 하지만 생각해보면 새로운 '과학' 이론이 예전에 나온 이론을 뒤집는 일은 매우 흔하므로 '과학'이라는 말에 속지 말아야 한다.

2001년에 노벨 생리학·의학상을 수상한 세포생물학자이자 유전학자인 폴 너스Paul Nurse 박사는 "과학 지식 대부분은 잠정적이며, 그 지식이 중력 법칙처럼 불변하는 진리가 되려면 꽤 많은 시간이 걸린다."라고 말했다.

진화론이 과학의 영역을 훨씬 뛰어넘는다는 사실은 분명하다. 사상이나 철학 같은 인문사회학이라고 말해도 과언이 아니다. 그래서 진화론은 예전부터 논쟁하기 좋은 주제였다. 그 논쟁에 종지부를 찍는 일은 우리의 호기심이 사라졌음을 의미한다.

진화론을 과학적으로 논하기는 매우 어렵다. 어느 정도 '과학적'인 증거를 찾아도 가설의 영역을 넘어서기는 힘들다.

돌연변이가 언제 일어났는가 하는 질문에는 아마 영원히 답할 수 없을 것이다. 변이는 갑자기 무작위로 일어나기 때문에 '돌연변이'라고 한다. 하지만 이 책 처음에 등장하는 제니퍼 다우드나 박사는 돌연변이를 인위적으로 일으키는 기술을 개발했다.

'유전자 편집'이라는 말을 처음 접했을 때, 나는 침범해서는 안 될 신의 영역에 인류가 발을 들여놓았다는 생각에 온몸이 떨렸다. 사람은 자연 바깥에 있는 존재가 아니라 자연의 일부다. 그런데 그 일부가 자연이라는 무한한 웹을 본격적으로 손보기 시작한 것이다. 그 예상치 못한, 의도치 않은 결과가 어떠할지 생각만으로도 오싹한 사람은 나뿐일까? 꽤 오래전부터 화제가 되었던 맞춤 아기 탄생도 현실성을 띠기 시작한 것은 분명하다.

데이비드 싱클레어 박사는 인생의 시곗바늘을 거꾸로 돌리는 기술을 연구하고 있는데, 이 기술도 유전자 편집까지는 아니더라도 자연을 주무르는 일에 속한다고 주장하는 사람이 있을 것이다.

우주를 향한 관심도 사그라들 리 없다. 외계생명체가 존재한다는 사실에는 과학자 대부분의 의견이 일치했다. 이 책에 등장하는 모든 과학자는 높은 식견을 갖추고 있다. 리사 랜들 박사, 찰스 코켈 박사, 조너선 로소스 박사는 우리가 외계생명체를 흥미로운 시선으로 바라볼 수 있게 돕는다.

'유전 대 환경' 논쟁은 지금까지도 이어지고 있다. 올림픽에서 금메달을 딴 뛰어난 스포츠 선수를 보면 부모도 스포츠를 전공했거나, 태어날 때부터 전공 종목을 접할 수 있는 환경이 갖추어졌던 경우가 많다. 유전 요소도, 환경 요소도 모두 갖춘 것으로 보인다.
수학자를 보아도 갑자기 생겨난 돌연변이가 아니라 부모도 똑똑한 경우가 압도적으로 많다. 조지프 헨릭 박사는 이러한 논쟁을 '문화-유전자 공진화'라는 진화론으로 결론을 내려 했다. 헨릭 박사는 이를 소모적인 논쟁이라고 단언했다.
인간의 문화는 독창적이라고 자주 말하지만, 왜 인간만이 문화를 형성했는가 하는 질문에 헨릭 박사는 '모방이 가능하니까'라고 잘라 말한다. 모방에는 목표나 동기도 포함된다고 하니 독창적이라는 말에 집착할 필요는 없을 것 같다.

여덟 명의 과학자 중 줌Zoom으로 인터뷰를 나눈 제니퍼 다우드나 박사를 제외하고 나머지 일곱 명은 모두 대면으로 인터뷰를 진행했다. 역시 대면 인터뷰가 훨씬 즐겁다. 원격으로 인터뷰를 진행하는 일이 흔해졌지만, 언젠가 모두 얼굴을 마주하고 인터뷰할 날을 고대하고 있다.

유쾌하게 인터뷰에 응해준 과학자 여덟 명에게 진심으로 감사드린다. 자신들의 연구를 자랑스럽게 이야기하는 모습은 정말로 생기가 넘쳤다.

마지막으로 《Voice》 편집부 담당자인 나카니시 후미야 씨와 이와타니 나쓰미 씨, 책을 출판하는 데 큰 도움을 준 제1사업제작부 나카타 다카유키 씨, PHP SHINSHO 미야와키 다카히로 씨에게 이 자리를 빌려 진심으로 감사의 인사를 전한다.

● 인터뷰 출처

- 제니퍼 다우드나, 《Voice》, 2021년 3월호.
- 데이비드 A. 싱클레어, 《Voice》, 2020년 3월호.
- 리사 랜들, 《Voice》, 2018년 9월호.
- 조지프 헨릭, 《Voice》, 2020년 2월호.
- 조너선 실버타운, 《Voice》, 2020년 7월호.
- 찰스 코켈, 《Voice》, 2020년 6월호.
- 마틴 리스, 《Voice》, 2020년 3월호.
- 조너선 B. 로소스, 《Voice》, 2020년 1월호.

• 찾아보기

옮긴이 **김나은**

일본어 출판 번역가. 내면의 가치와 보람을 찾고자 출판 번역가가 되었다. 현재 바른번역에서 전문 번역가로 활동하고 있다. 옮긴 책으로는《명의가 알려주는 음주의 과학》이 있다.

인류의 미래를 묻다

당대 최고 과학자 8인과 나누는 논쟁적 대화

초판 1쇄 2022년 12월 28일
초판 2쇄 2023년 1월 3일

지은이 | 데이비드 싱클레어, 제니퍼 다우드나, 리사 랜들, 마틴 리스,
조너선 실버타운, 조지프 헨릭, 찰스 코켈, 조너선 로소스
엮은이 | 오노 가즈모토
옮긴이 | 김나은

발행인 | 문태진
본부장 | 서금선
책임편집 | 원지연 편집 2팀 | 임은선 이보람 교정 | 정일웅

기획편집팀 | 한성수 임선아 허문선 최지인 이준환 송현경 이은지 유진영 장서원
마케팅팀 | 김동준 이재성 문무현 김윤희 김혜민 김은지 이선호 조용환
디자인팀 | 김현철 손성규 저작권팀 | 정선주
경영지원팀 | 노강희 윤현성 정헌준 조샘 조희연 김기현 이하늘
강연팀 | 장진항 조은빛 강유정 신유리 김수연

펴낸곳 | ㈜인플루엔셜
출판신고 | 2012년 5월 18일 제300-2012-1043호
주소 | (06619) 서울특별시 서초구 서초대로 398 BNK디지털타워 11층
전화 | 02)720-1034(기획편집) 02)720-1024(마케팅) 02)720-1042(강연섭외)
팩스 | 02)720-1043 전자우편 | books@influential.co.kr
홈페이지 | www.influential.co.kr

ISBN 979-11-6834-079-4 (03400)